普通高等教育实验系列"十三五"规划教材

WULI HUAXUE SHIYAN

物理化学实验

主　编　杨菊香
副主编　刘　振　任宏江　唐永强

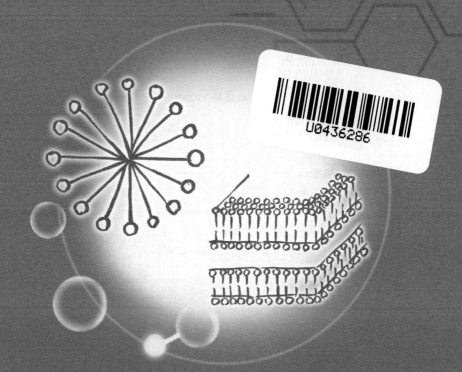

西安交通大学出版社
XI'AN JIAOTONG UNIVERSITY PRESS

国家一级出版社
全国百佳图书出版单位

图书在版编目(CIP)数据

物理化学实验/杨菊香主编.—西安:西安交通大学出版社,2019.12(2022.7重印)
ISBN 978-7-5693-1362-8

Ⅰ.①物… Ⅱ.①杨… Ⅲ.①物理化学-化学实验-高等学校-教材
Ⅳ.①O64-33

中国版本图书馆 CIP 数据核字(2019)第 225737 号

书　　名	物理化学实验
主　　编	杨菊香
副 主 编	刘　振　任宏江　唐永强
责任编辑	田　华

出版发行　西安交通大学出版社
　　　　　(西安市兴庆南路1号　邮政编码710048)
网　　址　http://www.xjtupress.com
电　　话　(029)82668357　82667874(发行中心)
　　　　　(029)82668315(总编办)
传　　真　(029)82668280
印　　刷　西安日报社印务中心
开　　本　727 mm×960 mm　1/16　印张 9.75　字数 177千字
版次印次　2019年12月第1版　2022年7月第4次印刷
书　　号　ISBN 978-7-5693-1362-8
定　　价　25.00元

读者购书、书店添货或发现印装质量问题,请与本社发行中心联系、调换。
订购热线:(029)82665248　(029)82665249
投稿热线:(029)82664954　QQ:190293088
读者信箱:190293088@qq.com

版权所有　侵权必究

Foreword 前 言

物理化学实验是化学、应用化学和化学工程与工艺专业学生必修的一门综合性基础化学实验课程。结合目前地方本科高校应用型发展定位，我们依据现有最新实验仪器、设备编写物理化学实验教材，突出地方本科高校对学生培养的应用型特色。

本书是由长期从事物理化学及物理化学实验教学的人员共同编写的。本书分为绪论、实验部分和附录。绪论主要介绍物理化学实验的目的和要求、安全防护、误差及数据表示法以及数据处理等内容。着重增加了 Origin 软件在数据中的处理方法。实验部分涉及热力学、电化学、动力学、胶体化学与表面化学、物质结构等内容，共十九个实验。实验内容除选择与物理化学课程相对应的典型实验外，增设了综合性实验，其内容具有应用性和前沿性的特点，注重培养学生综合实验素质，满足未来专业发展的需求。多年来我校在物理化学实验仪器设备方面投入较大，更新了一大批实验设备。对于最新仪器、设备的使用方法步骤，在附录中进行了详细介绍，以使学生能迅速融入相关的学习、科研和实践中去。

本书编写人员的具体分工如下：刘振编写绪论部分、常用仪器及技术以及实验中的仪器操作步骤部分；任宏江编写电化学和物质结构实验部分；唐永强编写表面与胶体及动力学部分的实验十二和实验十四；杨菊香编写其余部分及实验内容。本书在编写过程中也得到了薛敏和贾园老师的帮助。全书由刘振负责审阅校订，最终由杨菊香审查定稿。本书是在西安文理学院物理化学教学团队的大力支持下完成的，在编写过程中陕西师范大学白云山教授给予了很大的帮助，在此对他们一并表示衷心感谢。

本书的出版得到了陕西省一流培育专业建设点——应用化学专业、西安文理学院教学研究与改革专项——物理化学实验精品教材编写等项目的经费支持,特此感谢!

虽然本书中实验项目内容已经过全体编者多次研讨和实验教学验证,但由于我们水平有限且时间仓促,书中不当之处在所难免,真诚希望读者指正、赐教!

编者

2019 年 12 月

Contents 目录

绪 论

一、物理化学实验的目的和要求 …………………………………………（001）
二、物理化学实验的安全防护 ……………………………………………（003）
三、物理化学实验误差及数据表示法 ……………………………………（009）
四、物理化学实验数据处理 ………………………………………………（019）

热力学实验

实验一　燃烧热的测定 ……………………………………………………（026）
实验二　凝固点降低法测定分子摩尔质量 ………………………………（033）
实验三　二组分金属相图的绘制 …………………………………………（040）
实验四　液相反应平衡常数的测定——甲基红电离常数的测定 ………（044）
实验五　热分析法研究水滑石层状材料 …………………………………（050）

电化学实验

实验六　原电池电动势的测定 ……………………………………………（055）
实验七　镍在硫酸中的钝化行为实验 ……………………………………（059）
实验八　电导法测弱电解质的电离平衡常数 ……………………………（065）
实验九　离子迁移数的测定 ………………………………………………（068）
实验十　电导法测定 $BaSO_4$ 的溶度积 …………………………………（073）

动力学实验

实验十一　旋光法测定蔗糖转化反应的速率常数 …………………………（077）
实验十二　丙酮碘化反应速率常数的测定 ……………………………………（082）
实验十三　电导法测定乙酸乙酯皂化反应的速率常数 ………………………（087）
实验十四　BZ振荡反应实验 ……………………………………………………（091）

胶体化学与表面化学实验

实验十五　溶液表面张力的测定 ………………………………………………（095）
实验十六　电导法测定水溶液表面活性剂的临界胶束浓度 …………………（100）
实验十七　黏度法测定高聚物摩尔质量 ………………………………………（106）
实验十八　电泳、电渗实验 ……………………………………………………（113）

物质结构实验

实验十九　X射线粉末衍射法测定晶胞常数 …………………………………（121）

附录　常用仪器及技术

仪器一　气体钢瓶 ………………………………………………………………（128）
仪器二　温度计 …………………………………………………………………（130）
仪器三　电导率仪 ………………………………………………………………（133）
仪器四　电位差计 ………………………………………………………………（135）
仪器五　电化学分析仪 …………………………………………………………（138）
仪器六　旋光仪 …………………………………………………………………（139）
仪器七　分光光度计 ……………………………………………………………（140）
仪器八　气压计 …………………………………………………………………（142）
仪器九　阿贝折射仪 ……………………………………………………………（145）
仪器十　X射线粉末衍射仪 ……………………………………………………（146）
仪器十一　热重分析仪 …………………………………………………………（148）

绪 论

一、物理化学实验的目的和要求

(一)物理化学实验的目的

物理化学实验作为化学实验科学的重要分支,是化学、应用化学以及化学工程与工艺专业学生必修的一门独立的基础实验课程。实验教学内容综合了化学领域中各分支需要的基本研究工具和方法,在教学过程中引导学生利用物理化学及相关理论知识,解决化学、化工过程的基本问题,培养学生的基本实验技能和科学研究能力,为学生今后从事专业研究打下坚实的基础,同时对于学生的知识、能力和综合素质的培养与提高也起着至关重要的作用。

物理化学实验课程的主要目的是使学生初步了解物理化学的研究方法,并通过实验手段,熟悉物质的物理化学性质与化学反应规律之间的关系,学会重要的物理化学实验技术,掌握实验数据的处理及实验结果的分析与归纳方法,从而加深对物理化学基本理论和概念的理解,增强解决实际化学问题的能力。

本课程以实验操作训练为主,采用三段式教学模式,即整个教学过程由理论知识课、基础性实验、综合性实验三个教学层次组成。每学期在开始实验操作课之前,安排两次理论课,讲解内容包括绪论、本课程的教学计划、实验误差分析、实验数据处理方法、实验设计方法、实验报告及实验论文书写规范等,使学生对即将开展的物理化学实验有较为全面的了解。第二阶段安排 10 个具有典型性和代表性的实验,对学生进行实验方法和实际技能训练。实验内容包括热力学、电化学、化学动力学、表面化学与胶体化学等方面,包含了物理化学的重要实验,这是每个学生都必须独立完成的,由此可使学生受到基本的训练。第三阶段为学生开设与实际应用关系密切、具有一定复杂性的综合性实验。通过这种多层次、全面系统的实验训练,可以使学生掌握物理化学实验的基本方法和技能,锻炼学生观察现象、正确记录数据和处理数据、分析实验结果的能力,并初步训练学生根据所学原理设计实验,选择和使用仪器,解决实际问题的能力。物理化学实验还可以巩固学生的理论知识,加深其对物理化学原理的理解,提高学生对物理化学知识灵活运用的能力,同时培养学生严肃认真、实事求是的从事科学研究的态度和作风。

(二)实验教学要求

物理化学实验课按三个环节来进行,对各个环节的具体要求分别说明如下。

1. 课前预习

要完成好每个实验,就必须认真做好课前预习工作。物理化学实验原理复杂,仪器又较多,课前预习尤为重要。要求学生在课前必须认真阅读实验指导书,清楚地掌握实验目的、要求,实验原理,实验内容和预习要求;到实验室对照具体实验装置,搞清楚仪器结构,对大型仪器必须仔细阅读该仪器的使用说明,掌握其操作规程和安全注意事项,然后写出简明的预习报告。

预习报告应包括:①实验目的;②实验原理;③实验步骤;④实验数据记录表格。

2. 实验操作

学生做实验前,必须经教师提问,达到预习要求后,才能开始实验。在做实验前应仔细检查仪器是否完好,并按要求进行实验准备工作。准备完毕,经教师检查,并得到允许后,方可开始实验。

实验过程中,操作要认真,尤其对大型仪器,一定要严格按规程操作。发现仪器有故障,必须立即向任课教师报告,未经教师许可,不得擅自行事。要仔细观察实验现象,精心测定实验数据,详尽清楚地填写实验记录。测得的实验数据和观察到的现象,必须记录在实验记录本上,绝不允许记在活页纸或零散纸片上。学生应注意培养自己严谨的科学态度,养成良好的科学习惯。

实验结束后,将实验设备恢复原状,登记使用情况,清理周围环境,并把原始实验记录本交给教师审阅,经教师检查批准,方可离开实验室。

3. 实验报告

实验报告是以实验数据的准确性和可靠性为基础的,要将实验结果整理成一份好的报告,需要经过一定训练。往往有这种情形,有的学生实验技能较好,实验做得也很成功,但是实验报告内容不够严密,分析问题欠佳。因此,对学生来说,编写实验报告的能力也需要经受严格的训练,这种训练是今后写好科学论文或研究报告所必不可少的。

一般说来,实验报告应包括以下几个方面:①实验目的;②实验原理;③实验数据处理;④思考题。实验课虽是实践性环节,但仍要同学们积极开动脑筋,深入思考,善于发现和解决问题。

二、物理化学实验的安全防护

在化学实验室里,常常潜藏着诸如发生爆炸、着火、中毒、灼伤、割伤、触电等事故的危险,因此,安全是非常重要的。如何来防止这些事故的发生以及万一发生如何来急救,是每一个化学实验工作者必须具备的素质。这些内容在之前的化学实验课中均已反复地作了介绍。本节主要结合物理化学实验的特点,介绍安全用电常识及使用化学药品的安全防护等知识。

(一)用电安全防护

物理化学实验使用电器较多,特别要注意安全用电。表 0-1 给出了 50 Hz 交流电在不同电流强度下通过人体时的人体反应。

表 0-1 50 Hz 交流电在不同电流强度下通过人体时的人体反应

电流强度/mA	1~10	10~25	25~100	100 以上
人体反应	麻木感	肌肉强烈收缩	呼吸困难,甚至停止呼吸	心脏、心室纤维性颤动,死亡

违章用电可能造成仪器设备损坏、火灾,甚至人身伤亡等严重事故。为了保障人身安全,一定要遵守安全用电规则。

1. 防止触电

(1)不用潮湿的手接触电器。

(2)一切电源裸露部分应有绝缘保护装置,所有电器的金属外壳都应接地线。

(3)实验时,应先连接好电路再接通电源;修理或安装电器时,应先切断电源;实验结束时,先切断电源再拆线路。

(4)不能用试电笔去试高压电,使用高压电源应有专门的防护措施。

(5)如有人触电,首先应迅速切断电源,然后进行抢救。

2. 防止发生火灾及短路

(1)电线的安全使用功率应大于用电功率;使用的保险丝要与实验室允许的用电量相符。

(2)室内若有氢气、煤气等易燃易爆气体,应避免产生电火花。继电器工作时、电器接触点接触不良时及开关电闸时易产生电火花,要特别小心。

(3)如遇电线起火,应立即切断电源,用沙或二氧化碳、四氯化碳灭火器灭火,禁止用水或泡沫灭火器等导电液体灭火。

(4)电线、电器不要被水淋湿或浸在导电液体中;线路中各接点应牢固,电路元件两端接头不要互相接触,以防短路。

3. 电器仪表的安全使用

(1)使用前先了解电器仪表要求使用的电源是交流电还是直流电,是三相电还是单相电以及电压的大小(如 380 V、220 V、6 V)。须弄清电器功率是否符合要求及直流电器仪表的正、负极。

(2)仪表量程应大于待测量。待测量大小不明时,应从最大量程开始测量。

(3)实验前要检查线路连接是否正确,经教师检查同意后方可接通电源。

(4)在使用过程中若发现异常,如不正常声响、局部温度升高或嗅到焦味,应立即切断电源,并报告教师进行检查。

(二)高压储气瓶的安全防护

在物理化学实验中,经常要使用一些气体,例如燃烧热的测定实验中要使用氧气,气相色谱实验中要用到氢气和氮气。为了便于运输、贮藏和使用,通常将气体压缩成为压缩气体(如氢气、氮气和氧气等)或液化气体(如液氨和液氯等),灌入耐压钢瓶内。当钢瓶受到撞击或高温时有发生爆炸的危险。另外,有一些压缩气体或液化气体有剧毒,一旦泄漏,将造成严重的后果,因而在物理化学实验中,正确和安全地使用各种压缩气体或液化气体钢瓶是十分重要的。

使用钢瓶时,必须注意下列事项。

(1)在气体钢瓶使用前,要按照钢瓶外表油漆颜色、字样等正确识别气体种类,切勿误用,以免造成事故。如钢瓶因使用时间较长而致色标脱落,应及时按上述规定进行漆色、标注气体名称和涂刷横条。

(2)气体钢瓶在运输、贮存和使用时,注意勿使气体钢瓶与其他坚硬物体撞击,或曝晒在烈日下以及靠近高温处,以免引起钢瓶爆炸。钢瓶应定期进行安全检查,如进行水压试验、气密性试验和壁厚测定等。

(3)严禁油脂等有机物沾污氧气钢瓶,因为油脂遇到逸出的氧气可能燃烧,如已有油脂沾污,则应立即用四氯化碳洗净。氢气、氧气或可燃气体钢瓶严禁靠近明火。

(4)存放氢气钢瓶或其他可燃性气体钢瓶的房间应注意通风,以免漏出的氢气或可燃性气体与空气混合后遇到火种发生爆炸。室内的照明灯应防爆。

(5)原则上有毒气体(如液氯等)钢瓶应单独存放,严防有毒气体逸出,注意室内通风。最好在存放有毒气体钢瓶的室内设置毒气鉴定装置。

(6)若两种钢瓶中的气体接触后可能引起燃烧或爆炸,则这两种钢瓶不能存放在一起。如氢气瓶和氧气瓶、氢气瓶和氯气瓶等。氧、液氯、压缩空气等助燃气体钢瓶严禁与易燃物品放置在一起。

(7)钢瓶应放在阴凉,远离电源、热源(如阳光、暖气、炉火等)的地方,并加以固定,防止滚动或跌倒。为确保安全,最好在钢瓶外面装置橡胶防震圈。液化气体钢瓶使用时一定要直立放置,禁止倒置使用。

(8)高压钢瓶必须要安装好减压阀后方可使用。通常情况下,可燃性气体(如氢、乙炔)钢瓶上阀门的螺纹为反扣,其他则为正扣。各种减压阀绝不能混用。开、闭气阀时,操作人员应避开瓶口方向,站在侧面,并缓慢操作,不能猛开阀门。

(9)钢瓶内气体不能完全用尽,应保持在 0.5 MPa 表压以上的残留压力,以防止外界空气进入气体钢瓶,在重新灌气时发生危险。

(10)钢瓶须定期送交检验,合格钢瓶才能充气使用。

我国高压气体钢瓶标记如表 0-2 所示。

表 0-2 我国高压气体钢瓶标记

序号	气体	钢瓶颜色	瓶上所标字样	瓶上所标字样颜色
1	O_2	天蓝	氧	黑
2	H_2	深绿	氢	红
3	N_2	黑	氮	黄
4	Ar	灰	氩	绿
5	Cl_2	草绿	氯	白黄
6	NH_3	黄	氨	黑
7	CO_2	黑	二氧化碳	黄
8	C_2H_2	白	乙炔	红
9	压缩空气(冷气)	黑	空气	白
10	氟里昂	银灰	氟里昂	黑
11	其他可燃气体	红	—	白
12	其他不可燃气体	黑	—	黄

(三)化学药品安全防护

1. 防毒

实验前,应了解所用药品的毒性及防护措施。操作有毒性化学药品应在通风橱内进行,避免与皮肤直接接触;剧毒药品应妥善保管并小心使用。不要在实验室内喝水、吃东西;离开实验室时要洗净双手。

实验室常见的化学致癌物有:石棉、砷化物、铬酸盐、溴乙锭等。剧毒物有:氰化物、砷化物、乙腈、甲醇、氯化氢、汞及其化合物等。中毒的原因主要是不慎吸入、误食或由皮肤渗入有毒性化学药品。

中毒的预防主要有以下几点。

(1)保护好眼睛最重要,使用有毒或有刺激性气体时,必须戴防护眼镜,并应在通风橱内进行。

(2)取用有毒化学品时必须戴橡皮手套。

(3)严禁用嘴吸移液管,严禁在实验室内饮水、进食、吸烟,禁止赤膊和穿拖鞋。

(4)不要用乙醇等有机溶剂擦洗溅洒在皮肤上的药品。

万一毒物与毒气误入口、鼻,应采取的处理方法如下。

(1)误食了碱或酸,不要催吐,可先立即大量饮水,误食碱者再喝牛奶,误食酸者,饮水后再服氢氧化镁乳剂,最后饮牛奶。

(2)其他毒物误入口,应立即内服 5～10 mL 稀硫酸铜温水溶液,再用手伸入咽喉促使呕吐。砷和汞中毒者应立即送医院急救。

(3)误吸入煤气等有毒气体时,应立即在室外呼吸新鲜空气;误吸入溴蒸气、氯气等有毒气体时,应立即吸入少量酒精和乙醚的混合蒸气,以便解毒,同时应到室外呼吸新鲜空气,休克者应施以人工呼吸,但不要用口对口法。

此外,在物理化学实验中会使用水银温度计、甘汞电极以及水银 U 形压力计等,可能由于使用不当造成汞中毒。因此,必须了解汞的安全防护知识。

汞中毒分急性和慢性两种。急性中毒多为高汞盐(如 $HgCl_2$)入口所致,$0.1\sim0.3$ g 即可致死。吸入汞蒸气会引起慢性中毒,症状为食欲不振、恶心、便秘、贫血、骨骼和关节疼痛、精神衰弱等。汞蒸气的最大安全浓度为 $0.1 \text{ mg} \cdot \text{m}^{-3}$,而 20 ℃时汞的饱和蒸气压约为 0.16 Pa,此时汞蒸气的浓度超过安全浓度 130 倍。所以使用汞时必须严格遵守下列操作规定。

(1)储汞的容器要用厚壁玻璃器皿或瓷器,在汞面上加盖一层水,避免汞直接暴露于空气中,同时应放置在远离热源的地方。一切转移汞的操作,应在装有水的浅瓷盘内进行。

(2)装汞的仪器下面一律放置浅瓷盘,防止汞滴散落到桌面或地面上。万一有汞掉落,要先用吸汞管尽可能将汞珠收集起来,然后把硫磺粉撒在汞溅落的地方,并摩擦使之生成 HgS,也可用 $KMnO_4$ 溶液使其氧化。擦过汞的滤纸等必须放在有水的瓷缸内。

(3)使用汞的实验室应有良好的通风设备。手上若有伤口,切勿接触汞。

2. 防爆

可燃气体与空气的混合物在比例处于爆炸极限时,受到热源(如电火花)诱发将会发生爆炸。与空气相混合的常见气体的爆炸极限如表 0-3 所示。

表 0-3 常见气体的爆炸极限 (20 ℃, 101325 Pa)

气体	爆炸高限体积分数/%	爆炸低限体积分数/%	气体	爆炸高限体积分数/%	爆炸低限体积分数/%
氢	74.2	4.0	硫化氢	45.5	4.3
乙烯	28.6	2.8	乙酸乙酯	11.4	2.2
乙炔	80.0	2.5	一氧化碳	74.2	12.5
苯	6.8	1.4	水煤气	72	7.0
乙醇	19.0	3.3	煤气	32	5.3
乙醚	36.5	1.9	氨	27.0	15.5
丙酮	12.8	2.6	甲醇	44	5.5

因此使用时要尽量防止可燃性气体逸出,保持室内通风良好;操作大量可燃性气体时,严禁使用明火和可能产生电火花的电器,并防止其他物品撞击产生火花。

另外,有些药品如乙炔银、过氧化物等受震或受热易引起爆炸,使用时要特别小心;严禁将强氧化剂和强还原剂放在一起;久藏的乙醚使用前应除去其中可能产生的过氧化物;进行易发生爆炸的实验时,应有防爆措施。

3. 防火

许多有机溶剂如乙醚、丙酮等非常容易燃烧,使用时室内不能有明火、电火花等。用后要及时回收处理,不可倒入下水道,以免聚集引起火灾。实验室内不可存放过多这类药品。另外,有些物质如磷、金属钠及比表面很大的金属粉末(如铁、铝等)易氧化自燃,在保存和使用时要特别小心。

实验室一旦着火不要惊慌,应根据情况选择不同的灭火器进行灭火。常用的灭火措施有以下几种,使用时要根据火灾的大小、燃烧物的性质、周围环境和现有条件进行选择。

(1)石棉布:适用于小火。用石棉布盖上以隔绝空气,就能灭火。如果火很小,用湿抹布或石棉板盖上就行。

(2)干沙土:一般装于沙箱或沙袋内,只要抛洒在着火物体上就可灭火。适用于不能用水扑救的燃烧,但对火势很猛、面积很大的火焰灭火效果欠佳。

(3)水:常用的救火物质。它能使燃烧物的温度下降,但一般有机物着火不适用,因溶剂与水不相溶,又比水轻,水浇上后,溶剂还漂在水面上,继续燃烧。但若燃烧物与水互溶或用水没有其他危险时,可用水灭火。在溶剂着火时,先用泡沫灭火器把火扑灭,再用水降温是有效的救火方法。

以下几种情况不能用水灭火:有金属钠、钾、镁、铝粉、电石、过氧化钠等时,应用干沙等灭火;密度比水小的易燃液体着火,采用泡沫灭火器;有灼烧的金属或熔融物的地方着火时,应用干沙或干粉灭火器。

(4)泡沫灭火器:实验室常用的灭火器材,使用时,把灭火器倒过来,往火场喷。由于它生成二氧化碳及泡沫,使燃烧物与空气隔绝而灭火,效果较好,适用于除电器起火外的灭火。

(5)二氧化碳灭火器:在小钢瓶中装入液态二氧化碳,救火时打开阀门,把喇叭口对准火场,喷射出二氧化碳以灭火,在工厂和实验室都很适用,它不损坏仪器,不留残渣,对于通电的仪器也可使用,但金属镁燃烧不可使用它来灭火。

(6)四氯化碳灭火器:四氯化碳沸点较低,喷出来后形成沉重而惰性的蒸气掩盖在燃烧物体周围,使它与空气隔绝而灭火。它不导电,适于扑灭带电物体的火灾。但它在高温时分解出有毒气体,故在不通风的地方最好不要使用。另外,在有钠、钾等金属存在时不能使用,因为有引起爆炸的危险。

(7)水蒸气:在有水蒸气的地方把水蒸气对火场喷,也能隔绝空气而起到灭火作用。

(8)石墨粉:当钾、钠或锂着火时,不能用水、泡沫灭火器、二氧化碳、四氯化碳等灭火,可用石墨粉灭火。

电路或电器着火时,扑救的关键是首先要切断电源,防止事态扩大。电器着火最好的灭火器是四氯化碳和二氧化碳灭火器。在着火和救火时,若衣服着火,千万不要乱跑,因为这会由于空气的迅速流动而加剧燃烧,应当躺在地上翻滚。

4. 防灼伤

强酸、强碱、强氧化剂、溴、磷、钠、钾、苯酚、冰醋酸等都会腐蚀皮肤,特别要防止溅入眼内。液氧、液氮等低温物质也会严重灼伤皮肤,使用时要小心,万一灼伤应及时治疗。

(1)受强酸腐蚀:先用大量水冲洗,然后涂上碳酸氢钠油膏。如受氢氟酸腐蚀受伤,应迅速用水冲洗,再用稀苏打溶液(碳酸氢钠饱和溶液或1‰~2‰乙酸溶液)冲洗,然后浸泡在冰冷的饱和硫酸镁溶液中半小时,最后涂敷氧化锌软膏或硼酸软膏。伤势严重时,应立即送医院急救。当酸溅入眼睛时,首先用大量水冲洗眼睛,然后用稀的碳酸氢钠溶液冲洗,最后再用清水洗眼。

(2)受强碱腐蚀:立即用大量水冲洗,然后用1‰柠檬酸或3‰硼酸溶液冲洗。当碱液溅入眼睛时,先用水冲洗,再用饱和的硼酸溶液冲洗,然后滴入蓖麻油,再用蒸馏水冲洗。

(3)碱金属氰化物、氢氰酸灼伤皮肤:用高锰酸钾溶液擦洗,再用硫化铵溶液漂洗,然后用水冲洗。

(4)溴灼伤皮肤:立即用乙醇洗涤,然后用水冲净,涂上甘油或烫伤油膏。

(5)苯酚灼伤皮肤:先用大量水冲洗,然后用 4∶1 的乙醇(70%)-氯化铁

(1 mol/L)的混合液进行洗涤。

5. 割伤和烫伤

(1)割伤(玻璃或铁器刺伤等):若伤口内有异物,先取出异物,如轻伤可用蒸馏水、生理盐水或硼酸液擦洗伤处,然后涂上红药水(或紫药水),必要时撒些消炎粉,并用消毒纱布包扎或贴创口贴;伤势较重时,则先用酒精在伤口周围清洗消毒,再用纱布按住伤口压迫止血,并立即送往医院。

(2)烫伤:应立即涂上烫伤膏(可用10%的高锰酸钾溶液擦洗灼伤处);若伤势较重,撒上消炎粉或烫伤药膏,用油纱绷带包扎;切勿用冷水冲洗,更不能把烫起的水泡戳破。

(四) X 射线防护

X 射线被人体组织吸收后,对健康是有害的。一般晶体 X 射线衍射分析用的软 X 射线(波长较长、穿透能力较低)比医院透视用的硬 X 射线(波长较短、穿透能力较强)对人体组织伤害更大。轻的造成局部组织灼伤,重的可造成白血球下降、毛发脱落、发生严重的射线病。但若采取适当的防护措施,上述危害是可以防止的。

最基本的防护是防止身体各部位(特别是头部)受到 X 射线照射,尤其是直接照射。因此 X 光管窗口附近要用铅皮(厚度在 1 mm 以上)挡好,尽量将 X 射线限制在一个局部小范围内;在进行操作(尤其是对光)时,应戴上防护用具(特别是铅玻璃眼镜);暂时不工作时,应关好窗口;非必要时,人员应尽量离开 X 射线衍射室。室内应保持良好通风,以减少由于高电压和 X 射线电离作用产生的有害气体对人体的影响。

三、物理化学实验误差及数据表示法

在物理化学实验中,一方面要进行物理量的测定;另一方面还要将所测得数据通过列表、作图、建立数学关系式等步骤加以处理,使实验结果变为有参考价值的资料。因此,要求不但要掌握做实验的方法,而且要有正确表达实验结果的能力。

(一)准确度与误差

准确度(accuracy)表征测量值与真实值的符合程度。准确度用误差表示。

由于实验方法的可靠程度、所用仪器的精密度和实验者感官的限度等各方面条件的限制,使得测量值与真实值之间存在一定的误差。

误差(error)是测量值与真值间差值,用 E 表示,误差的大小表示准确度的高低。根据误差的性质及其起因,可将误差分为以下两类。

1. 系统误差

系统误差是指在相同条件下,由于某些特殊的原因造成多次测量同一物理量时,误差的绝对值和符号保持恒定,或在条件改变时,按某一确定规律变化的误差。产生系统误差的主要原因如下。

(1)实验方法的缺陷,例如使用了近似公式、指示剂选择不当等。

(2)仪器、药品带来的误差。例如,仪器零点偏差、仪器刻度不准、药品纯度不高等。

(3)操作者的不良习惯。例如,观察视线偏高或偏低,造成读数偏高或偏低等。

改变实验条件可以发现系统误差的存在,针对产生原因可采取措施将其消除。

2. 偶然误差

在相同条件下多次测量同一量时,误差的绝对值时大时小,符号时正时负,但随测量次数的增加,其平均值趋近于零,即具有抵偿性,此类误差称为偶然误差(随机误差)。它产生的主要原因一是某些实验条件不能完全恒定,时有微小波动,如大气压、温度、电流、电压的波动等;二是操作者感官分辨能力的限制(例如对仪器最小分度以内的读数难以读准确等)所致。

系统误差与偶然误差的比较如表 0-4 所示。

表 0-4 系统误差与偶然误差的比较

项目	系统误差	偶然误差
产生原因	固定因素,有时不存在	不定因素,总是存在
分类	方法误差、仪器与试剂误差、主观误差	环境的变化因素、主观的变化因素等
性质	重现性、单向性(或周期性)、可测性	服从概率统计规律、不可测性
影响	准确度	精密度
消除或减小的方法	校正	增加测定的次数

根据测定结果的表达方式,误差可分为绝对误差和相对误差。

(1)绝对误差

$$E_a = \bar{x} - T$$

(2)相对误差

$$E_r = \frac{E_a}{T} \times 100\%$$

(二)精密度与偏差

精密度(precision)指相同的实验条件下多次平行测定结果相互靠近的程度,用偏差衡量。

偏差(deviation)指测量值与平均值的差值,用 d 表示,偏差的大小表示精密度的高低。偏差越小,精密度越高。

偏差的表示有以下几种。

(1)(绝对)偏差

$$d_i = x - \overline{x}$$

$$\sum d_i = 0$$

(2)平均偏差:各单个偏差绝对值的平均值

$$\overline{d} = \frac{\sum_{i=1}^{n} |x_i - \overline{x}|}{n}$$

(3)相对平均偏差:平均偏差与测量平均值的比值

$$相对平均偏差\% = \frac{\overline{d}}{\overline{x}} \times 100\% = \frac{\sum_{i=1}^{n} |x_i - \overline{x}|}{n\overline{x}} \times 100\%$$

使用平均偏差表示精密度比较简单,但不足之处是,在测定中,小偏差占多数,而大偏差占少数,按总的测定次数去求平均偏差所得的结果会偏小,大偏差得不到充分的反映,因此在数理统计中,用标准偏差来表示。用标准偏差比用平均偏差更科学、准确。

标准偏差:

$$S = \sqrt{\frac{\sum_{i=1}^{n}(x_i - \overline{x})^2}{n-1}}$$

相对标准偏差:

$$RSD = \frac{s}{\overline{x}} \times 100\%$$

(三)偶然误差的统计规律和可疑值的舍弃

偶然误差符合正态分布规律,如果以误差出现次数 N 对标准误差的数值 σ 作图,得一对称曲线(见图 0-1)。从图 0-1 可知,正、负误差具有对称性。因此,只

要测量次数足够多,在消除了系统误差和过失误差的前提下,测量值的算术平均值趋近于真值

$$\lim_{n \to \infty} \overline{x} = x_{真}$$

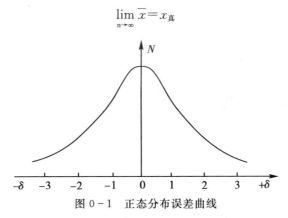

图 0-1 正态分布误差曲线

但是,一般测量次数不可能有无限多次,所以一般测量值的算术平均值也不等于真值。于是人们又常把测量值与算术平均值之差称为偏差,偏差反映测量数据的可疑性。统计结果表明测量结果的偏差大于 3σ 的概率不大于 0.3%。因此,根据小概率定理,在测量次数达到 100 次以上时,凡误差大于 3σ 的点,均可以作为可疑值剔除。在物理化学实验中,通常测量次数为 10~15 次,用偏差是否大于 2σ 作为可疑值剔除的依据;若测量次数再少,偏差值应酌情递减。

(四) 误差传递——间接测量结果的误差计算

测量分为直接测量和间接测量两种。直接表示所求结果的测量称为直接测量。例如,用直尺测量物体的长度,用温度计测量体系的温度,用电位差计测量电池的电动势等。间接测量指对于较复杂不易直接测得的量,可通过直接测定简单量,而后按照一定的函数关系计算而得。物理化学实验中的测量大多属于间接测量。例如,在溶解热实验中,测得温度变化 ΔT 和样品重量 W,代入公式 $\Delta H = C \Delta T \dfrac{M}{W}$ 就可求出溶解热 ΔH,从而使直接测量值 T、W 的误差传递给 ΔH。

对于间接测量,个别测量的误差都反映在最后的结果中。下面讨论如何计算间接测量的误差。

误差传递符合一定的基本公式。通过间接测量结果误差的求算,可以知道哪个直接测量值的误差对间接测量结果影响最大,从而可以有针对性地提高测量仪器的精度,获得好的结果。

1. 间接测量结果的平均误差和相对平均误差的计算

设某个物理量 u 是由直接测量的量 x、y 求得的,即 $u = f(x, y)$,则误差传递

的基本公式可表示为

$$\mathrm{d}u = \left(\frac{\partial u}{\partial x}\right)_y \mathrm{d}x + \left(\frac{\partial u}{\partial y}\right)_x \mathrm{d}y$$

若 Δu、Δx、Δy 为 u、x、y 的测量误差,且设它们足够小,可以代替 $\mathrm{d}u$、$\mathrm{d}x$、$\mathrm{d}y$,并考虑到最不利的情况是正负误差不能抵消,从而引起误差累积,故取其绝对值。

简单函数及其误差的计算公式,列入表 0-5 中。

表 0-4 简单函数及其误差的计算公式

函数关系	绝对误差	相对误差
$y = x_1 + x_2$	$\pm(|\Delta x_1| + |\Delta x_2|)$	$\pm\left(\dfrac{|\Delta x_1| + |\Delta x_2|}{x_1 + x_2}\right)$
$y = x_1 - x_2$	$\pm(|\Delta x_1| + |\Delta x_2|)$	$\pm\left(\dfrac{|\Delta x_1| + |\Delta x_2|}{x_1 - x_2}\right)$
$y = x_1 x_2$	$\pm(x_1|\Delta x_2| + x_2|\Delta x_1|)$	$\pm\left(\dfrac{|\Delta x_1|}{x_1} + \dfrac{|\Delta x_2|}{x_2}\right)$
$y = x_1/x_2$	$\pm\left(\dfrac{x_1|\Delta x_2| + x_2|\Delta x_1|}{x_2^2}\right)$	$\pm\left(\dfrac{|\Delta x_1|}{x_1} + \dfrac{|\Delta x_2|}{x_2}\right)$
$y = x^n$	$\pm(n x^{n-1} \Delta x)$	$\pm\left(n \dfrac{|\Delta x|}{x}\right)$
$y = \ln x$	$\pm\left(\dfrac{\Delta x}{x}\right)$	$\pm\left(\dfrac{|\Delta x|}{x \ln x}\right)$

例如计算函数 $x = \dfrac{8LRP}{\pi(m - m_0) r d^2}$ 的误差,其中 L、R、P、m、r、d 为直接测量值。

对上式取对数:$\ln x = \ln 8 + \ln L + \ln R + \ln P - \ln \pi - \ln(m - m_0) - \ln r - 2\ln d$

微分得 $\dfrac{\mathrm{d}x}{x} = \dfrac{\mathrm{d}L}{L} + \dfrac{\mathrm{d}R}{R} + \dfrac{\mathrm{d}P}{P} - \dfrac{\mathrm{d}(m - m_0)}{m - m_0} - \dfrac{\mathrm{d}r}{r} - \dfrac{2\mathrm{d}(d)}{d}$

考虑到误差积累,对每一项取绝对值得

相对误差:$\dfrac{\Delta x}{x} = \pm\left(\dfrac{\Delta L}{L} + \dfrac{\Delta R}{R} + \dfrac{\Delta P}{P} + \dfrac{\Delta(m - m_0)}{m - m_0} + \dfrac{\Delta r}{r} + \dfrac{2\Delta d}{d}\right)$

绝对误差:$\Delta x = \left(\dfrac{\Delta x}{x}\right) \cdot \dfrac{8LRP}{\pi(m - m_0) r d^2}$

根据 $\dfrac{\Delta L}{L}$、$\dfrac{\Delta R}{R}$、$\dfrac{\Delta P}{P}$、$\dfrac{\Delta(m - m_0)}{m - m_0}$、$\dfrac{\Delta r}{r}$、$\dfrac{2\Delta d}{d}$ 各项的大小,可以判断间接测量值 x

的最大误差来源。

2. 间接测量结果的标准误差计算

若 $u=f(x,y)$，则函数 u 的标准误差为

$$\sigma_u = \sqrt{\left(\frac{\partial u}{\partial x}\right)^2 \sigma_x^2 + \left(\frac{\partial u}{\partial y}\right)^2 \sigma_y^2}$$

部分函数的标准误差列入表 0-6 中。

表 0-6 部分函数的标准误差

函数关系	绝对误差	相对误差
$u = x \pm y$	$\pm \sqrt{\sigma_x^2 + \sigma_y^2}$	$\pm \dfrac{1}{\lvert x \pm y \rvert} \sqrt{\sigma_x^2 + \sigma_y^2}$
$u = xy$	$\pm \sqrt{y^2 \cdot \sigma_x^2 + x^2 \cdot \sigma_y^2}$	$\pm \sqrt{\dfrac{\sigma_x^2}{x^2} + \dfrac{\sigma_y^2}{y^2}}$
$u = \dfrac{x}{y}$	$\pm \dfrac{1}{y} \sqrt{\sigma_x^2 + \dfrac{x^2}{y^2} \sigma_y^2}$	$\pm \sqrt{\dfrac{\sigma_x^2}{x^2} + \dfrac{\sigma_y^2}{y^2}}$
$u = x^n$	$\pm n x^{n-1} \sigma_y^2$	$\pm \dfrac{n}{x} \sigma_x$
$u = \ln x$	$\pm \dfrac{\sigma_x}{x}$	$\pm \dfrac{\sigma_x}{x \ln x}$

（五）有效数字

有效数字是指测量中实际能测量到的数字，它包括测量中全部准确数字与一位估计数字。有效数字反映测量的准确程度，与测量中所用的仪器有关。

关于有效数字的表示方法及其取舍应遵循如下规则。

(1) 误差一般只取一位有效数字，最多两位。

(2) 有效数字的位数越多，数值的精确度也越大，相对误差越小。例如，$(1.35 \pm 0.01)\text{m}$，三位有效数字，相对误差 0.7%；$(1.3500 \pm 0.0001)\text{m}$，五位有效数字，相对误差 0.007%。

(3) 若第一位的数值等于或大于 8，则有效数字的总位数可多算一位，如 9.28 虽然只有三位，但在运算时，可以看作四位。

(4) 运算中舍弃多余数字时，应采用"4 舍 6 入，逢 5 尾留双"的原则。例如，将数据 9.435 和 4.685 取三位有效数字，根据上述原则，应分别取为 9.44 和 4.68。

(5) 在加减运算中，各数值小数点后所取的位数，以其中小数点后位数最少者为准。例如，$13.65 + 0.01 + 1.632 = 15.29$。

(6)在乘除运算中,各数保留的有效数字应以其中有效数字最少者为准。

(7)在乘方或开方运算中,结果可多保留一位。

(8)在对数运算时,对数中的首数不是有效数字,对数的尾数的位数应与各数值的有效数字相当。例如,$[H^+] = 7.6 \times 10^{-4}$,则 $pH = 3.12$;$K = 3.4 \times 10^9$,则 $\lg K = 9.35$。

(9)算式中,常数 π、e 及乘子 $\sqrt{2}$ 和某些取自手册的常数,如阿伏伽德罗常数、普朗克常数等,不受上述规则限制,其位数按实际需要取舍。

(10)若第一次运算结果需代入其他公式进行第二、第三次运算,则各中间值可多保留一位有效数字,以免误差叠加。但在最后的结果中仍要采用"4舍6入,逢5尾留双"原则,以保持原有的有效数字位数。

(六)实验数据的表示法

物理化学实验数据的表示法主要有如下三种方法:列表法、作图法和数学方程式法。

1. 列表法

将实验数据列成表格,排列整齐,使人一目了然。这是数据处理中最简单的方法,列表时应注意以下几点。

(1)表格要有名称,如果有多个表格,应予以编号。

(2)每行(或列)的开头一栏都要列出物理量的名称和单位,并把二者表示为相除的形式。因为物理量的符号本身有单位,除以它的单位,即等于表中的纯数字。

(3)数字要排列整齐,小数点要对齐,公共的乘方因子则写成与物理量符号相乘的形式列于开头一栏。

(4)表格中表达的数据顺序为由左到右,由自变量到因变量,可以将原始数据和处理结果列在同一表中,但应以一组数据为例,在表格下面列出算式,写出计算过程。

2. 作图法

作图法可更形象地表达出数据的特点,如极大值、极小值、拐点等,并可进一步用图解求积分、微分、外推、内插值。作图应注意如下几点。

(1)图要有图名。例如"$\ln K_p$ - $1/T$ 图"、"V - t 图"等。

(2)根据需要选用正规的坐标纸。坐标纸种类:直角坐标纸、三角坐标纸、半对数坐标纸、对数坐标纸等。物理化学实验中一般用直角坐标纸,只有需要表示三组分相图时才使用三角坐标纸。

(3)在直角坐标中,一般以横轴代表自变量,纵轴代表因变量,在轴旁须注明变量的名称和单位(二者表示为相除的形式),10 的幂次以相乘的形式写在变量旁。

(4)适当选择坐标比例,以表达出全部有效数字为准,即最小的毫米格内表示有效数字的最后一位。每厘米格代表 1、2、5 为宜,切忌代表 3、7、9。如果作直线,应正确选择比例,使直线呈 45°倾斜为好。

(5)坐标原点不一定选在零点,应使所作直线与曲线匀称地分布于图面中。在两条坐标轴上每隔 1 cm 或 2 cm 均匀地标上所代表的数值,而图中所描各点的具体坐标值不必标出。

(6)描点时,应用细铅笔将所描的点准确而清晰地标在其位置上,可用○、△、□、×等符号表示,符号总面积表示了实验数据误差的大小,所以不应超过 1 mm 格。同一图中表示不同曲线时,要用不同的符号描点,以示区别。

(7)作曲线要用曲线板,描出的曲线应平滑均匀;应使曲线尽量多地通过所描的点,但不要强行通过每一个点,对于不能通过的点,应使其等量地分布于曲线两边,且两边各点到曲线的距离的平方和要尽可能相等。作图示例如图 0-2 所示。

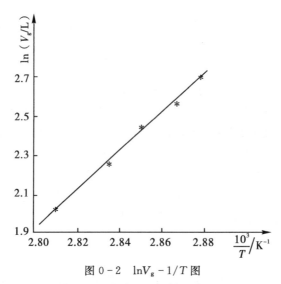

图 0-2　$\ln V_g - 1/T$ 图

(8)图解微分。图解微分的关键是作曲线的切线,而后求出切线的斜率值,即图解微分值。作曲线的切线可用如下两种方法。

①镜像法。取一平面镜,使其垂直于图面,并通过曲线上待作切线的点 P(见图 0-3),然后让镜子绕 P 点转动,注意观察镜中曲线的影像,当镜子转到某一位置,使得曲线与其影像刚好平滑地连为一条曲线时,过 P 点沿镜子作一直线即为 P 点的法线,过 P 点再作法线的垂线,就是曲线上 P 点的切线。若无镜子,可用玻

璃棒代替，方法相同。

②平行线段法。如图 0-4 所示，在选择的曲线段上作两条平行线 AB 及 CD，然后连接 AB 和 CD 的中点 PQ，并延长相交曲线于 O_1 点，过 O_1 点作 AB、CD 的平行线 EF，则 EF 就是曲线上 O 点的切线。

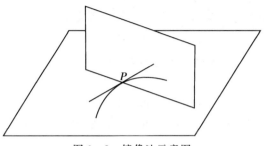

图 0-3 镜像法示意图

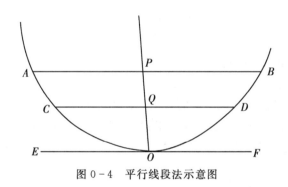

图 0-4 平行线段法示意图

3. 数学方程式法

将一组实验数据用数学方程式表达出来是最为精练的一种方法。它不但方式简单而且便于进一步求解，如积分、微分、内插等。此法首先要找出变量之间的函数关系，然后将其线性化，进一步求出直线方程的系数——斜率 m 和截距 b，即可写出方程式。也可将变量之间的关系直接写成多项式，通过计算机曲线拟合求出方程系数。求直线方程系数一般有以下三种方法。

(1) 图解法。

将实验数据在直角坐标纸上作图，得一直线，此直线在 y 轴上的截距即为 b 值（横坐标原点为零时），直线与轴夹角的正切值即为斜率 m；或在直线上选取两点（此两点应远离）(x_1, y_1) 和 (x_2, y_2)，则

$$m=\frac{\Delta y}{\Delta x}=\frac{y_2-y_1}{x_2-x_1}$$

$$b=\frac{y_1 x_2 - y_2 x_1}{x_2-x_1}$$

(2)平均法。

若将测得的 n 组数据分别代入直线方程式,则得 n 个直线方程

$$y_1=mx_1+b$$
$$y_2=mx_2+b$$
$$\vdots$$
$$y_n=mx_n+b$$

将这些方程分成两组,分别将各组的 x、y 值累加起来,得到两个方程

$$\sum_{i=1}^{k} y_i = m\sum_{i=1}^{k} x_i + kb$$

$$\sum_{i=k+1}^{n} y_i = m\sum_{i=k+1}^{n} x_i + (n-k)b$$

解此联立方程,可得 m、b 值。

(3)最小二乘法。

这是最为精确的一种方法,它的根据是使误差平方和最小,以得到直线方程。对于 $(x_i, y_i)(i=1,2,\cdots,n)$ 表示的 n 组数据,线性方程 $y=mx+b$ 中的回归数据可以通过此种方法计算得到,即

$$b=\bar{y}-m\bar{x}$$

$$\bar{x}=\frac{1}{n}\sum_{i=1}^{n} x_i, \bar{y}=\frac{1}{n}\sum_{i=1}^{n} y_i$$

$$m=\frac{S_{xy}}{S_{xx}}$$

其中 x 的离差平方和为

$$S_{xx}=\sum_{i=1}^{n} x_i^2 - \frac{1}{n}\left(\sum_{i=1}^{n} x_i\right)^2$$

y 的离差平方和为

$$S_{yy}=\sum_{i=1}^{n} y_i^2 - \frac{1}{n}\left(\sum_{i=1}^{n} y_i\right)^2$$

x、y 的离差乘积之和为

$$S_{xy}=\sum_{i=1}^{n} x_i y_i - \frac{1}{n}\left(\sum_{i=1}^{n} x_i\right)\left(\sum_{i=1}^{n} y_i\right)$$

得到的方程即为线性拟合或线性回归方程。由此得出的 y 值称为最佳值。

总之,最小二乘法虽然计算比较麻烦,但结果最为准确。由于计算机的普及使用,此法已广泛应用。

四、物理化学实验数据处理

在化学、化工实验教学以及科学研究过程中,经常要处理大批实验数据,其步骤包括数据记录、整理、分析、计算,然后用表格和图形显示表达,以此说明实验现象并做出结论。传统的手工处理实验数据的步骤是记录、整理数据,分析计算,然后在坐标纸上描点作图。此种方法繁琐,效率低,误差大。

随着科学的迅速发展,大部分中型和大型仪器都直接与计算机联用。测量过程中,计算机直接给出所需的实验图谱结果。但有些大型仪器所绘制的图谱,只能直接在计算机上看,不能直接拷贝。由于研究的需要,常常要将所测的图谱结果放在一张图中对比说明问题。这时,图谱必须重新绘制。

目前,用于处理实验数据的软件主要有两种,即 Excel 和 Origin。Excel 虽具有强大的数据分析功能,并能很方便地将数据处理过程的基本单元制成电子模板,使用时,只要调出相应的模板,输入原始数据,激活相应的功能按钮,就能得到实验作图要求的各项参数,但其图形处理、分析功能不如 Origin 简便、强大。若将两者结合,利用 Excel 模板制作实验数据处理表,再将所需数据直接从 Excel 导入 Origin 作图,就能做到取长补短。一般而言,大部分仪器检测到的数据是以 .csv 文件形式保存的,但是部分仪器联用的计算机监测到的数据是以 .txt 文件形式保存在计算机中,这种数据不能直接用在 Excel 或者 Origin 中作图,需要转换后方可使用。本节结合物理化学实验教学中的一个实例,讨论用 Excel 和 Origin 软件联合处理 .txt 文件中实验数据的具体应用。

凝固点降低法测定摩尔质量是物理化学实验课程教学中的经典实验。我们以全自动凝固点下降法测量仪(NGD-01)测定萘的摩尔质量为例,说明 Excel 和 Origin 在物理化学实验数据处理中的综合应用。

凝固点的监测数据以 .txt 文件形式保存在计算机中,利用 Excel 的数据导入功能,将 .txt 文件下的源数据导入电子表格中,为后序数据处理打下基础。

具体操作步骤如下。

(1) 打开空白 Excel 文件。

(2) 在 Excel 窗口中选择"数据/导入外部数据/导入数据",如图 0-5 所示。导入 E:/Date 文件夹,选择实验所保存的数据文件夹(比如:09102060311 文件夹),打开,选择文件名,文件类型选择所有文件,如图 0-6 所示。

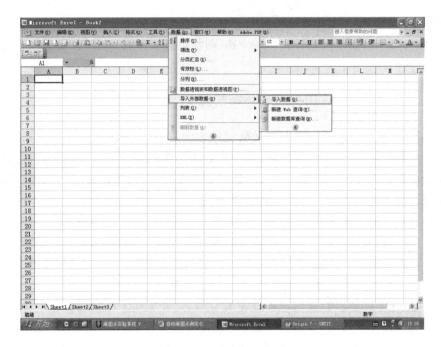

图 0-5 Excel 窗口选项

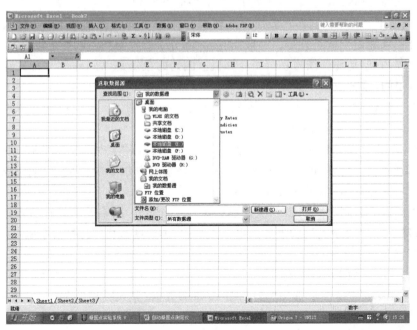

(a)

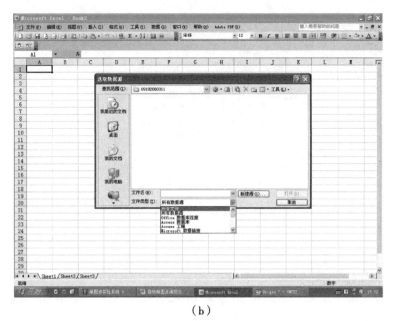

(b)

图 0-6 导入文件并选择文件类型

(3)打开文件,将出现如图 0-7(a)所示对话框,选择"分隔符号",点击"下一步";选择空格,点击"下一步",点击"完成",如图 0-7(b)所示;导入数据对话框选择"确定"。

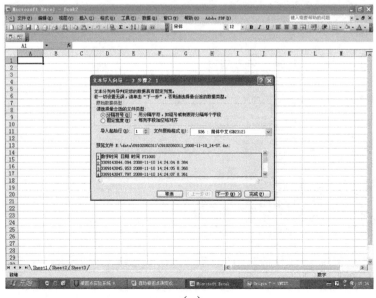

(a)

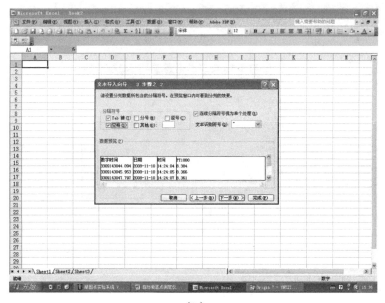

(b)

图 0-7 选择参数

(4)Ecxel 表格中出现四列数据,复制后两列数据(时间和 PT1000),操作如图 0-8 所示。

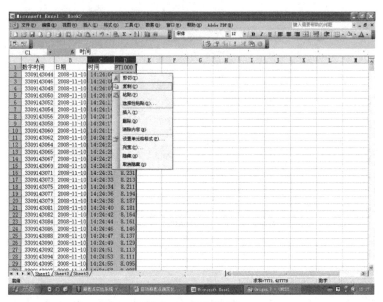

图 0-8 复制数据

(5)打开桌面空白 Origin ![icon] 文件。选择 A 和 B 列,粘贴刚才复制的数据,如图 0-9(a)所示;删除前两行,如图 0-9(b)所示。

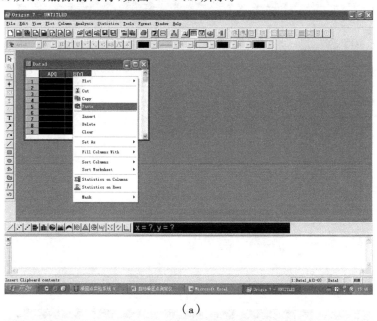

(a)

(b)

图 0-9 处理数据

(6) 全选数据,点左上方作图,如图 0-10(a)所示。作图完毕,如图 0-10(b)所示。

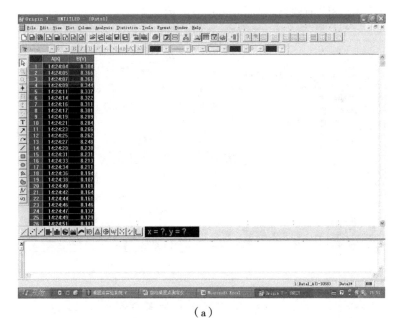

(a)

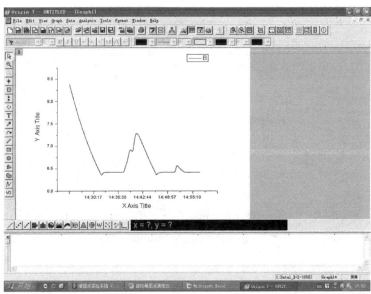

(b)

图 0-10 作图

物理化学实验测定的有些图形需要对其进行拟合,利用作图中的 Analysis 菜单中的 Fit linear 功能,就可以得到线性方程。

利用 Excel 强大的数据分析和制表功能制作物理化学实验数据处理模板,将做图所需数据直接导入 Orgin 软件中制图,这一过程简单、快捷,结果精确度高、重现性好,且绘出的图形细致、美观。用这种方法处理实验数据,不仅可以激发学生学习物理化学实验的热情,节省大量时间,还培养了他们运用现代技术手段学习物理化学的能力。除用在物理化学实验中外,对于科学研究中的大型仪器、热重分析仪、红外分析仪、X-射线衍射分析仪、气相色谱和液相色谱等大型仪器的数据分析处理也需采用此法作图。

热力学实验

实验一 燃烧热的测定

实验项目性质:基础性
实验计划学时:3 学时

一、实验目的

(1) 掌握有关热化学实验的一般知识和技术。
(2) 用弹式量热计测定萘的燃烧焓。
(3) 掌握氧弹的构造及使用方法,学会应用雷诺图解法校正温度改变值。

二、预习要求

(1) 明确燃烧焓的定义。
(2) 了解量热计的原理、构造和使用方法。
(3) 掌握实验原理,了解实验操作步骤。
(4) 了解氧气钢瓶和减压阀的使用方法。

三、实验原理

燃烧焓是指 1 mol 物质在一定温度下完全氧化时的反应热,用符号 $\Delta_c H_m$ 表示。完全氧化是指指定物质中各元素均变为指定相态的产物。例如,C、H、S、N、Cl 等元素的燃烧产物分别指定为 $CO_2(g)$、$H_2O(l)$、$SO_2(g)$、$N_2(g)$、$HCl(aq)$,金属转变为游离态等。

燃烧热分为恒容燃烧热 Q_V 和恒压热容 Q_p。对于不做非体积功的反应体系,若把参加反应的气体和生成的气体视为理想气体,则有式

$$Q_p = Q_V + \Delta(pV) = Q_V + \Delta n RT \tag{1-1}$$

式中:Δn 为反应前后气体物质的量的差;R 为气体常数;T 为反应温度。

氧弹量热计的基本原理是能量守恒定律。量热计的种类很多,本实验采用的

量热计是环境恒温式氧弹量热计。图1-1和图1-2分别为环境恒温式氧弹式量热计和氧弹结构示意图。氧弹式量热计由内、外两桶组成,外桶较大,盛满处于室温的自来水,用于保持环境温度恒定;内桶较小,用于盛放吸热用的纯水、燃烧样品的关键部件"氧弹"等,内、外桶之间用空气隔离。环境恒温式氧弹式量热计的测定原理就是将一定量待测样品在氧弹中完全燃烧,燃烧时放出的热量使氧弹本身、周围介质(如水)及附件的温度升高。所以,通过测定标准样品和待测样品燃烧前、后量热计(包括氧弹周围介质)温度的变化值,就可以求算该样品的恒容燃烧热。计算公式如下:

$$\frac{W}{M} \cdot Q_V + m'Q_1 = -(W_{水}C_{水} + C_{计})\Delta T = K \cdot \Delta T \tag{1-2}$$

式中:W 为样品质量;M 为样品的摩尔质量;Q_1 为单位质量燃烧丝点燃的燃烧值;m' 为燃烧了的燃烧丝的质量;$W_{水}$ 为盛水桶中水的质量;$C_{水}$ 为水的热容;$C_{计}$ 为除水以外量热系统中其他所有部分的热容;K 为量热计常数。

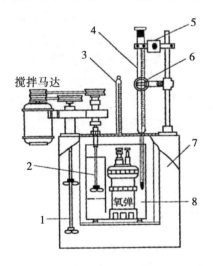 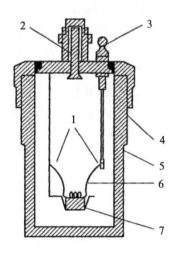

1—外桶搅拌器;2—内桶搅拌器;3—外桶温度计;4—数字温差测量仪;5—振动器;6—读数放大镜;7—外恒温桶;8—内盛水桶

图1-1 环境恒温式氧弹式量热计

1—电热丝连接点;2—进排气管道;3—电极接线柱;4—弹盖;5—弹体;6—电热丝;7—样品池

图1-2 氧弹构造图

设 $C_{总}(=W_{水}C_{水}+C_{计})$ 为量热体系(包括内水桶、氧弹、测温器件、搅拌器和水)的总热容。其值由已知燃烧热的苯甲酸标定,求出量热体系的总热容 $C_{总}$ 后,再用相同方法对其他物质进行测定,测出 ΔT,代入式(1-2),即可求得其燃烧热。

苯甲酸 $C_6H_5COOH(s) + 7.5O_2(g) \rightarrow 7CO_2(g) + 3H_2O(l)$

本实验成功的关键是,保证样品的完全燃烧,氧弹中需充以高压氧气或其他氧化剂,其次还必须使燃烧后放出的热量尽可能全部传递给量热计本身和其中盛放的水,而几乎不与周围环境发生热交换。为此,量热计在设计制造时所采取的措施包括:在量热计外面设计恒温或绝热套壳;对由不锈钢或镀光亮铬铜板制成的量热计内、外筒器壁进行高度抛光,以减少热辐射;量热计和套壳间设计一层挡屏,以减少空气的对流等。尽管如此,由于氧弹量热计不是严格的绝热系统,再加上传热速度的限制,燃烧后由最低温度达到最高温度需要一定的时间,在这段时间里,系统和环境会发生热交换,因而从温度计上读的温差就不是真实的温差 ΔT,需对测量温差进行校正,常用雷诺温度校正图来校正。

用雷诺图校正温度的具体方法如下:根据实验过程中的测量数据,作温度-时间曲线。如图1-3、图1-4所示是不同的系统及环境温度所产生的温变曲线。图中 b 点相当于燃烧开始时出现升温点,温度为 T_1;c 点为读数中的最高温度点,在 $T=(T_1+T_2)/2$ 处作平行于横轴的直线交曲线于 O 点,过 O 点作垂直于横轴的直线 AB,此线与 ab 线和 cd 线的延长线交于 E、F 两点,则 E 点和 F 点所表示的温度差即为欲求温度的升高值 ΔT。如图1-3所示,EE' 表示从开始燃烧到温度上升至室温这一段时间内,由环境辐射和搅拌引进的热量所造成的升温,应予以扣除;而 FF' 由室温升高到最高点 c 这一段时间内,量热计向环境的热辐射造成的温度降低,这部分必须考虑在内。故可认为,E、F 两点的差值较客观地表示了样品燃烧引起的升温数值,即为苯甲酸燃烧所引起的温度升高值,用同样处理方法可求萘燃烧的温度升高值 ΔT。

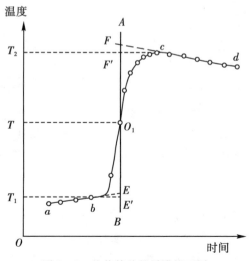

图1-3 绝热较差的雷诺校正图

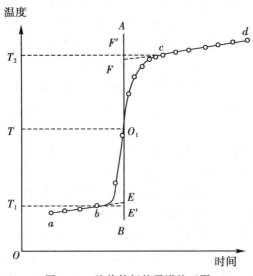

图 1-4 绝热较好的雷诺校正图

有时量热计的绝热情况良好,热量损失少,而搅拌器的功率又比较大,这样往往不断引进少量热量,使得燃烧后的温度最高点不明显,这种情况下 ΔT 仍然可以按照相同方法进行校正(见图 1-4)。但必须注意,应用雷诺图解法进行校正时量热计的温度和外界环境的温度不宜相差太大(最好不要超过 2 ℃),否则会引入误差。

四、仪器和试剂

仪器:氧弹量热计 1 套、温度计(0~50 ℃,分度值为 0.1 ℃)1 支、贝克曼温度计 1 支、电吹风 1 个、氧气瓶(附氧气表)1 个、压片机 2 台、小镊子 1 把、1000 mL 烧杯 1 只、引火丝若干、棉线若干、分析天平 1 台、台秤 1 台。

试剂:苯甲酸分析纯(Analytical Reagent,AR)、萘(AR)。

五、实验步骤

1. 测定量热计常数 K

(1)称量。粗称 0.8~1.0 g 苯甲酸压片,注意压片时不宜过紧也不宜过松,压片后用棉线将药片绑在铁丝小圈部分,尽量去除细粉后称其准确值,算出药片净重。准确称取细铁丝两节(大约 15 cm)、棉线两节(与铁丝同长),然后在铁丝中部绕出直径约为 2 mm 的小圈 6~10 个。用棉线穿过小圈,将铁丝与药品紧密相连,再用分析天平准确称量质量,计算出药品的净质量 W。

(2) 装样。将药片悬在坩埚上方,将铁丝两头分别绕在氧弹的两极上。注意铁丝不能与坩埚接触。将绑好的样品装入氧弹中,氧弹内预先滴加几滴水,使氧弹内的水蒸气达到饱和,从而使燃烧后的气态水易凝结成液态水。(注意:铁丝的两端在氧弹两个电极上要固定牢靠,以防短路,影响点火。)

(3) 充氧。逆时针打开氧气瓶总阀门,顺时针旋紧减压阀,使其压力表指示在 1.5~2.0 MPa 附近,将氧弹口对准充气口,按下充气手柄,充入 2.0 MPa 的氧气大约 30 s。

(4) 安装设备。准确量取 3000 mL 已调好温度的自来水装入干净的内桶中(注意:内桶水温要低于外桶温度 1.0~1.5 ℃,思考为何?),并将内桶放入保温外桶中央,将氧弹小心地放入内桶水中的底座上,在氧弹两电极上接上点火导线,装好搅拌马达,并检查搅拌器,插好数字式温度计金属探头,盖上盖子,开动搅拌器。

(5) 数据记录。待温度变化基本稳定后,开始记录数据,每分钟记录一次,10 min 之后点火,点火后改为半分钟记录一次数据,直到温度上升幅度很小(0.002 ℃)或出现下降时,将读数改为 1 min 1 次,读 10 min 后结束。

(6) 检查结果。停止搅拌,关掉电源,将感温探头放回外桶,打开盖板,取下电极,取出氧弹。用放气阀放掉氧弹中的余氧,检查燃烧是否完全,如果氧气瓶中有黑渣,表明未充分燃烧,需重新实验;若干净表明实验成功,并检查有无铁丝剩余,若有,应称其质量,在数据处理时扣除掉。

2. 萘的燃烧焓的测定

准确称量 0.8 g 左右的萘,按步骤 1 的方法测定萘的燃烧热。

六、数据记录和处理

1. 燃烧热测量数据记录

将燃烧热测量数据记录在表 1-1、表 1-2 中。

表 1-1 苯甲酸燃烧热测量数据记录

室温=_____℃ 大气压=_____Pa
点火丝长度=_____mm;苯甲酸样品质量 m=_____g;剩余点火丝长度=_____mm

读数序号	温度	读数序号	温度	读数序号	温度

表1-2 萘燃烧热测量数据记录

室温=_____℃　　大气压=_____Pa
点火丝长度=_____mm；萘样品质量 m=_____g；剩余点火丝长度=_____mm

读数序号	温度	读数序号	温度	读数序号	温度

2. 作温度-时间曲线，求量热计常数 K

已知 298 K 时苯甲酸的燃烧焓 $Q_p=-3326.8$ kJ·mol^{-1}，引燃铁丝的燃烧焓为 -2.9 J·cm^{-1}。

3. 计算萘的燃烧热

将萘的实验数据代入式(1-2)，可求出 Q_V。再由式(1-1)求得燃烧焓 $\Delta_c H_m$。

七、注意事项

（1）实验关键点：点火成功和样品完全燃烧是实验成功的关键，可以考虑的技术措施如下。

①样品使用前应经磨细、烘干并置于干燥器中至恒量等处理，避免因样品潮湿不易燃烧，而引起误差。

②样品的紧实度：注意经压片机压片后，样品表面应有较细密的光洁度，且棱角无粗粒等。

③保证点火丝与电极的良好接触，使其电阻尽可能小，实验过程中注意电极松动和铁丝碰壁短路等问题。

（2）本实验在操作前必须了解氧气瓶的使用规则，使用时不可沾有油污，不能有明火，通氧及点火时应有老师在场。望严格遵守，若有违反者应令其停止实验并离开实验室。

八、思考题

（1）将实验测定结果与手册上的萘的燃烧数据相比较，找出误差，并分析原因。
（2）写出萘燃烧的热化学方程式，如何根据实验测得 $\Delta_c H_m$？
（3）可否用电解水制得的氧气进行实验，为什么？
（4）加入量热计水桶中的水是否要准确量取，为什么？

(5)为什么要调节水温比量热计外桶温度低 1.0~1.5℃？怎样在雷诺温度校正图上确定样品燃烧引起的温升值 ΔT？

(6)测苯甲酸燃烧热的目的是什么？

九、扩展实验

1. **设计实验测定液体样品的燃烧热**

［提示］一般是将液体装入医用胶囊中，外缠点火丝，再外套薄壁玻璃管进行测定，然后扣除胶囊的燃烧热，求出样品的燃烧热。

2. **设计实验测定环丙烷的张力能**

［提示］可以通过测定环丙烷羧酸正丁酯和环己烷羧酸甲酯的摩尔燃烧热进行求算。

3. **设计实验测定蔗糖的燃烧热**

实验二　凝固点降低法测定分子摩尔质量

实验项目性质:基础性
实验计划学时:4 学时

一、实验目的

(1)加深对稀溶液依数性的理解。
(2)学会用凝固点降低法测定萘的摩尔质量。
(3)掌握凝固点测量技术。

二、预习要求

(1)加深理解稀溶液的依数性。
(2)了解凝固点降低法测物质摩尔质量的原理和方法。
(3)了解不同形状的步冷曲线,识别凝固点。
(4)了解凝固点测量仪的原理和使用方法。

三、实验原理

稀溶液具有依数性,凝固点降低是依数性的一种表现。当确定溶剂的种类和数量后,溶液的凝固点降低值仅取决于所含溶质物质的量。假设溶质在溶液中不发生缔合和分解,也不与固态纯溶剂生成固溶体,则凝固点降低值由式(2-1)给出:

$$\Delta T_f = T_f^* - T_f = K_f m_B = K_f \frac{W_B \times 1000}{M_B \times W_A} \tag{2-1}$$

整理得溶质 B 的相对摩尔质量 M_B 为

$$M_B = K_f \times \frac{W_B \times 1000}{\Delta T_f \times W_A} \tag{2-2}$$

式中:ΔT_f 为凝固点下降低值;T_f^* 和 T_f 分别为纯溶剂和稀溶液的凝固点;m_B 为溶质的质量摩尔浓度;K_f 为溶剂的凝固点下降常数,其数值只与溶剂本身性质有关,可查阅相关资料,单位为 $K \cdot kg \cdot mol^{-1}$;$W_A$、$W_B$ 分别为溶剂和溶质的质量(g)。可见若已知 K_f,实验测得 ΔT_f,即可利用式(2-2)求出物质 B 的摩尔质量 $M_B(g/mol)$。

凝固点是指在一定压力下,液、固两相平衡共存的温度。实验的全部操作归结为凝固点的精确测量。将纯溶剂逐步冷却时,在未凝固之前温度将随时间均匀下降,开始凝固后由于放出凝固热而补偿了热损失,体系将保持液-固两相共存的平衡温度不变,直到全部凝固,再继续均匀下降(见图2-1中线 aa')。若将溶液逐步冷却,由于新相形成需要一定的能量,当溶液温度到达凝固点时固体并不结晶析出,产生过冷现象,如图2-1中线 bb' 所示。若此时加以搅拌或加入晶种,促使晶核产生则会很快形成大量晶体,并放出凝固潜热,使系统温度迅速回升。温度上升的最高点即为凝固点,如图2-1中线 bb' 所示。溶液的凝固点是溶液与溶剂的固相共存时的平衡温度,其冷却曲线与纯溶剂不同。当有溶剂凝固析出时,剩下溶液的浓度逐渐增大,因而溶液的凝固点也逐渐下降(见图2-1中线 cc'),如果溶液的过冷程度不大,析出固体溶剂的量对溶液浓度影响不大,则以过冷回升的温度作凝固点,对测定结果影响不大(见图2-1中线 dd')。如果过冷太甚,凝固的溶剂过多,溶液的浓度变化过大,则出现图2-1中线 ee' 的情况,这样就会使凝固点的测定结果偏低。

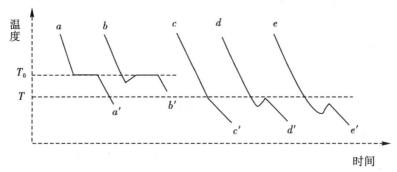

图2-1 步冷曲线图

四、仪器与试剂

仪器:NGD-01型凝固点降定仪一台、量筒1个。

试剂:环己烷、萘。

五、实验步骤

(一)准备

(1)打开冷却水并保持适当水流量。(开机前必须检查水冷装置是否开启)

(2)打开凝固点测定仪电源开关(在仪器背板左下方)。

(3)打开电脑,双击凝固点测量软件图标(凝固点实验系统)启动测量系统,进入界面后点击"启动实验"进入操作界面。

(4)在操作界面上,将搅拌速率设定为 550 r/min,打开搅拌开关。将制冷模式开关调至自动,设定水浴温度为 3.45 ℃,制冷系统开始工作。

(5)清洗样品管、磁子及温度探头并用电吹风吹干(吹干前每次用 1 mL 丙酮润洗两次)。粗量 20~25 mL 溶剂(环己烷)置于样品管中。安装好温度探头(测量探头不能贴壁,阻凝温度控制探头应贴壁)。

(二)测量

1. 溶剂凝固点的粗测,以及阻凝温度和散热补偿启动温度的选择

(1)将样品管放入加热套管中,"阻凝温度"和"散热补偿"开关置于"手动"位置,观察步冷曲线。

(2)当样品温度降至 7.5 ℃时,点击"重新实验"按钮,然后点击"保存曲线"按钮,当系统提示是否改变实验编号时点击"改变",并输入实验学生姓名,点击"确定"。以后保存数据时,实验编号不再改变。

(3)当样品温度降至最低并回升至稳定值后,此值即为溶剂凝固点的粗测值,以粗测值加 1 ℃作为阻凝温度的设定值,然后将"阻凝温度"开关置于"自动"位置。点击"加热线圈 1"按钮,使样品温度回升 0.5~1 ℃("停止变化量"用于控制升温幅度,当系统观察到本次采集到的温度值与上一次采集到的温度值之差大于设定的停止变化量时,系统自动停止加热)。

2. 溶剂凝固点的精确测定,以及散热补偿电流的选择

观察步冷曲线,当样品温度比凝固点的粗测值高 0.3 ℃时,打开"散热补偿"开关,并将"补偿电流设为 200 mA,若 15 s 内样品温度开始回升或者不再下降,则补偿电流减小 10 mA,若 15 s 内样品温度仍然上升或者不再下降,则电流再减小 10 mA,反复操作直到样品中出现结晶温度迅速回升为止,此电流即为合适的补偿电流。当步冷曲线出现平台后,此温度即为溶剂的准确凝固点,点击"加热线圈 1"按钮,使样品温度回升 0.5~1 ℃,进行平行测量,并将"散热补偿"模式开关指向自动(平行测量不再调节补偿电流),以凝固点与曲线的最低点的平均值作为散热补偿启动温度的设定值。反复操作得到三个平行结果,平行结果之间的偏差保持在 ±0.003 ℃以内。

3. 溶液凝固点的粗测

(1)将水浴温度调至 2.45 ℃,散热补偿启动模式开关指向手动。

(2)在样品管的环己烷溶剂中加入约 0.8g 的萘,打开散热补偿开关,完全溶解后关闭散热补偿开关,观察步冷曲线,当样品温度降至最低并回升至最高值后,此值即为溶液凝固点的粗测值。以粗测值作为散热补偿启动温度的设定值,点击"加热线圈 1"按钮,使样品温度回升 0.5~1 ℃。

4. 溶液凝固点的精确测量,以及散热补偿启动温度的选择

将"散热补偿"模式开关指向自动,反复操作得到三个平行结果,平行结果之间的偏差保持在±0.003 ℃以内。

(三)实验结束

做完实验,将操作界面上的所有开关关闭后,点击"返回主界面"按钮并"退出系统",关闭仪器电源开关以及冷却水,最后在"E:\data\"路径下拷贝实验数据。

【仪器使用说明】

(1)开机前务必检查冷却水使之始终处于打开状态。

(2)开启计算机进入 Windows XP 界面,双击桌面"凝固点实验系统"图标,进入工作界面,如图 2-2 所示。然后点击"启动实验"按钮进入操作状态,如图 2-3 所示。

图 2-2 进入工作界面

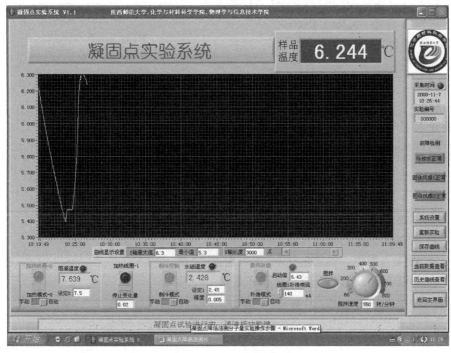

图 2-3　进入操作状态

（3）设置阻凝温度为 7.5 ℃后，将下端开关置于"自动"档。

（4）设置水浴温度控制精度为 0.005，水浴温度为 3.45 ℃，然后进行纯溶剂凝固点的测量工作。当测量溶液凝固点时，水浴温度应相应调整为 2.45 ℃（设溶液的凝固度点降低值为 1 ℃）。设置完成后，将开关置于"自动"档。（5）样品管用丙酮洗净、吹干，装入待测样品，使溶液（纯溶剂）没过样品测量探头 1～2 cm 即可，不允许超过样品管壁温度测量探头。

（6）"散热补偿"用于克服溶液或溶剂向外散失热量，从而造成温度测量不准确，步冷曲线平台产生波动。在测量纯溶剂与溶液凝固点时先进行一次粗测工作，确定补偿温度。补偿温度的选定一般为纯溶剂或溶液产生过冷，其步冷曲线最低点与温度返升的最高点 1/3～1/2 处的温度。

（7）在测量纯溶剂时，补偿电流可设置为 40～90 mA，在测量溶液时，补偿电流可设置为 140～170 mA，应视具体情况而定。电流设置过大会造成步冷曲线平台缓慢上升，设置过小会造成步冷曲线平台逐渐下降。

（8）"重新实验"按钮可以清除先前不用的旧数据或废弃数据。在实验进行过程中如果点击此键的话会造成所有正在记录但未保存到存储介质中的数据清空。

(9)"保存曲线"按钮用以保存当前实验记录的所有数据,该数据格式为"∗.dat"。"改变"按钮可以更换实验编号,"不变"按钮则以当前编号为文件名进行数据保存,如图2-4所示。

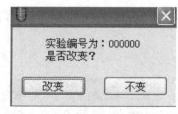

图2-4 保存时是否改变实验编号

(10)"当前数据察看"按钮可调出当前实验状态下所有保存的曲线数据。

(11)"历史曲线察看"按钮可察看所有先前已经保存的曲线。

六、数据记录

(1)纯溶剂:_____;溶质:_____。

(2)纯溶剂以及溶液的步冷曲线的测定。

(3)由图得凝固点的测定结果,填入表2-1中。

(4)溶质摩尔质量的计算结果填入表2-2中。

表2-1 凝固点的测定结果

纯溶剂凝固点T_f^*/℃	平均值$\overline{T_f^*}$/℃	溶液凝固点T_f/℃	平均值$\overline{T_f}$/℃

$$\rho_t = 0.7971 - 0.8897 \times 10^{-3} t$$

表2-2 溶质摩尔质量的计算

环己烷的质量 W_A/g	萘的质量 W_B/g	凝固点降低值 ΔT_f/℃	K_f/ (K·kg·mol^{-1})	萘的摩尔质量 M/ (g·mol^{-1})

计算过程:萘的摩尔质量 M 及其相对误差 ΔM 的计算。

七、注意事项

(1)实验开始前一定要先开冷凝水。

(2)样品管必须洗净、吹干后才能使用。

(3)过冷程度的控制很重要。

八、思考题

(1)在凝固点降低法测定摩尔质量实验中,为什么会产生过冷现象?过冷太甚对结果有何影响?如何控制过冷程度?

(2)加入溶质质量的依据是什么?太多或太少会有何影响?

(3)实验测量成败的关键是什么?

(4)为什么纯溶剂和稀溶液的凝固曲线不同?

九、扩展实验

设计实验鉴定乙醇(或水)的纯度

[提示]杂质导致物质的凝固点降低。

实验三 二组分金属相图的绘制

实验项目性质:验证性
实验计划学时:3 学时

一、实验目的

(1)学会用热分析法绘制 Sn-Bi 二组分金属相图,了解固液相图的基本特点。
(2)掌握热分析法的测量技术。
(3)掌握 MPD-01 型四通道金属相图仪使用方法。

二、预习要求

(1)掌握相律,会用相律分析相图。
(2)了解二元组分体系冷却过程中相态的变化。

三、实验原理

相图是研究体系的状态随温度、压力、组成等变量的改变而变化的几何图形。它反映体系在指定条件下的相平衡情况,如相数和各相的组成等。对于蒸气压较小的二元凝聚体系,相图常用温度-组成图描述。

热分析法是绘制相图常用的基本方法之一。该法在定压下先将体系全部融化成一均匀液相,然后从高温逐渐冷却,在冷却过程中,每隔一定时间记录一次温度,作温度-时间的变化曲线,即步冷曲线。当体系不发生相变时,体系温度随时间的变化是均匀的;当体系在冷却过程中发生相变时,由于伴随着热效应,体系温度随时间的变化速率必发生变化,步冷曲线出现转折点或平台;步冷曲线出现转折点或平台的温度即为体系的相变点温度。需要注意的是,在冷却过程中往往伴随着过冷现象的发生,轻微过冷有利于相变温度的确定,但严重过冷却会使转折点发生起伏,导致相变温度的确定产生困难。针对上述情况,可通过延长 cd 线与 ab 线相交,确定相变点(交点 e),如图 3-1 所示。

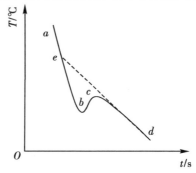

图 3-1 出现过冷现象步冷曲线的校正

由此可知,对组成一定的二组分低共熔混合物系统,可以根据它的步冷曲线得出有固体析出的温度和低共熔点温度。根据一系列组成不同系统的步冷曲线的转折点,即可画出二组分系统的相图(温度-组成图)。不同组成熔液的步冷曲线对应的相图如图3-2所示。

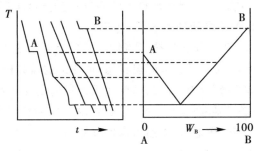

图3-2 简单低共熔固-液相图

用热分析法(步冷曲线法)绘制相图时,被测系统必须时时处于或接近相平衡状态,因此冷却速率要足够慢才能得到较好的结果。

四、仪器与试剂

仪器:MPD-01型四通道金属相图仪1台。

试剂:纯锡、纯铋、液体石蜡或碳粉。

将试样按表3-1所示的质量分数配好,装入8个宽肩带盖不锈钢样品管中,并在样品上面覆盖一层石墨粉。

表3-1 试样的质量分数

编号	1	2	3	4	5	6	7	8
质量分数	1.0 Bi	0.1 Sn	0.2 Sn	0.43 Sn	0.6 Sn	0.79 Sn	0.9 Sn	1.0 Sn

五、实验步骤

(1)打开电脑电源开关。

(2)在金属相图测定仪的样品孔中插入相应的被测样品及相对应的热电阻(注意热电阻通道不能插错),并记录加热炉通道号和样品名称,然后打开电源开关(在仪器背板右下方),右侧散热风扇启动。

(3)双击金属相图测量软件图标启动测量系统,进入启动界面后点击"启动实验"进入操作界面。(应在打开金属相图测定仪电源开关后,尽快打开软件,以使仪器尽快进入控制状态。)

注意:操作步骤中的第(2)、(3)步次序不能颠倒!

(4)在操作界面的左下方参数设定功能区,设定加热炉的温度上限为 280 ℃,温度下限为 120 ℃,恒温时间(指当加热炉的温度达到温度上限时的恒温时间)为 300 s,温差(指样品和炉壁之间的温度差)为 50 ℃。

(5)打开加热开关,系统开始加热。当样品温度达到设定的温度上限后,进入恒温倒计时状态,倒计时结束后进入降温状态,加热炉的风扇档位随着样品温度的下降而提高,风量逐渐加大。当样品的温度达到设定的温度下限后实验结束。

(6)点击"保存曲线"按钮,当系统提示"是否改变实验编号"时点击"改变",并输入实验学生姓名,点击"确定"。以后再次保存数据时,实验编号不再改变。

(7)在金属相图测定仪的样品孔中插入其他待测样品,重复第(5)、(6)步骤再次进行测量。

(8)实验结束后,在路径"E:\data\"下拷贝实验数据(U 盘不能双击打开,只允许采用发送到"可移动磁盘"的操作)。

(9)软件退出后关闭金属相图测定仪的电源开关,然后关闭电脑,实验结束。

六、数据记录与处理

1. 原始数据记录

以温度为纵坐标,时间为横坐标,作出各组分的冷却曲线。在冷却曲线上找出各组分的熔点温度,并记录于表 3-2 中。

表 3-2 各组分熔点温度

室温=_____ ℃　　大气压=_____ Pa

样品	相变温度/℃			
	平台 1	拐点 1	拐点 2	平台 2
1.0 Bi				
0.1 Sn				
0.2 Sn				
0.42 Sn				
0.6 Sn				
0.79 Sn				
0.9 Sn				
1.0 Sn				

2. 绘制相图

以熔点温度和拐点温度为纵坐标,组成为横坐标,绘制 Sn-Bi 二组分金属相图。文献值:Sn-Bi 低共熔点为 134 ℃,低共熔组成为 42%Sn。

实验关键:被测体系必须时时处于或非常接近于相平衡状态,冷却速度宜慢不宜快,一般体系保持 5~7 ℃·min^{-1} 的均匀冷却速度为佳。

七、思考题

(1)冷却曲线上为什么会出现转折点?步冷曲线各段的斜率以及水平段的长短与哪些因素有关?

(2)若已知二组分系统的许多不同组成的冷却曲线,但不知道低共熔物的组成,有何办法确定?

(3)各样品的设定温度是否相同,应如何确定?

(4)如何控制好冷却降温的速度?

实验四　液相反应平衡常数的测定
——甲基红电离常数的测定

实验项目性质：综合性
实验计划学时：6 学时

一、实验目的

(1) 用分光光度法测定弱电解质的电离平衡常数。
(2) 通过实验了解热力学平衡常数与反应物的起始浓度无关。
(3) 掌握分光光度计及 pH 计的正确使用方法。

二、预习要求

(1) 复习有关分光光度法的基本原理。
(2) 掌握分光光度法测定甲基红电离常数的基本原理。

三、实验原理

弱电解质电离常数的测定方法很多，如电导法、电位法、分光光度法等。本实验是根据甲基红在电离前后具有不同颜色和对单色光的吸收特性，借助于分光光度法的原理，测定其电离常数的。甲基红在溶液中的电离可表示为如下形式：

酸式（HMR）红色

碱式（MR⁻）黄色

简写为

$$\text{HMR} \rightleftharpoons \text{H}^+ + \text{MR}^-$$
$$\text{酸式} \qquad \qquad \text{碱式}$$

则其电离平衡常数 K 表示为

$$K = \frac{[\text{H}^+][\text{MR}^-]}{[\text{HMR}]} \tag{4-1}$$

或

$$pK = pH - \lg\frac{[\text{MR}^-]}{[\text{HMR}]} \tag{4-2}$$

由式(4-2)可知测定甲基红溶液的 pH 值后,可根据分光光度法(多组分测定方法)测得[MR$^-$]和[HMR]值,然后即可求得 pK 值。

根据朗伯-比尔(Lambert - Beer)定律,溶液对单色光的吸收遵守下列关系式:

$$A = -\lg\frac{I}{I_0} = -\lg\frac{1}{T} = \varepsilon bc \tag{4-3}$$

式中:A 为吸光度;$\frac{I}{I_0}$ 为透光率;c 为溶液浓度;b 为溶液的厚度;ε 为吸光系数。

溶液中若只含有一种组分,其对不同波长的单色光的吸收程度,如以波长(λ)为横坐标,吸光度(A)为纵坐标可得一条曲线。如图 4-1 中单组分 a 和单组分 b 的曲线均称为吸收曲线,亦称吸收光谱曲线。根据公式(4-3),当吸收槽长度一定时,则

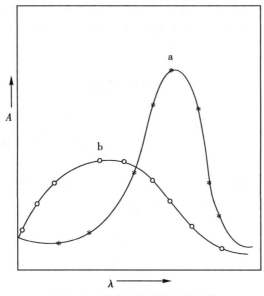

图 4-1 部分重合的光吸收曲线

$$A^a = k^a C^a \tag{4-4}$$
$$A^b = k^b C^b \tag{4-5}$$

如在该波长时,溶液遵守朗伯-比尔定律,可选用此波长进行单组分的测定。

若溶液中含有两种组分(或两种组分以上),用具有特征的光吸收曲线,并在各组分的吸收曲线互不干扰时,可在不同波长下,对各组分进行吸光度测定。

当溶液中两种组分 a、b 都具有特征的光吸收曲线,且均遵守朗伯-比尔定律,但吸收曲线部分重合时,如图 4-1 所示,则两组分(a+b)溶液的吸光度应等于各组分吸光度之和,即吸光度具有加和性。当吸收槽长度一定时,则混合溶液在波长分别为 λ_a 和 λ_b 时的吸光度 $A_{\lambda_a}^{a+b}$ 和 $A_{\lambda_b}^{a+b}$ 可表示为

$$A_{\lambda_a}^{a+b} = A_{\lambda_a}^{a} + A_{\lambda_a}^{b} = k_{\lambda_a}^{a} C_a + k_{\lambda_a}^{b} C_b \tag{4-6}$$

$$A_{\lambda_b}^{a+b} = A_{\lambda_b}^{a} + A_{\lambda_b}^{b} = k_{\lambda_b}^{a} C_a + k_{\lambda_b}^{b} C_b \tag{4-7}$$

由光谱曲线可知,组分 a 代表[HMR],组分 b 代表[MR$^-$],根据式(4-6)可得到[MR$^-$]即

$$C_b = \frac{A_{\lambda_a}^{a+b} - k_{\lambda_a}^{a} C_a}{k_{\lambda_a}^{b}} \tag{4-8}$$

将式(4-8)代入式(4-7)可得[HMR]即

$$C_a = \frac{A_{\lambda_b}^{a+b} k_{\lambda_a}^{b} - A_{\lambda_a}^{a+b} k_{\lambda_b}^{b}}{k_{\lambda_b}^{a} k_{\lambda_a}^{b} - k_{\lambda_a}^{a} k_{\lambda_b}^{b}} \tag{4-9}$$

式中:$k_{\lambda_a}^{a}$、$k_{\lambda_b}^{b}$、$k_{\lambda_b}^{a}$ 和 $k_{\lambda_a}^{b}$ 分别表示单组分在波长为 λ_a 和 λ_b 时的 k 值。而 λ_a 和 λ_b 可以通过测定单组分的光吸收曲线,分别求得其最大吸收波长。如在该波长下,各组分均遵守朗伯-比尔定律,则其测得的吸光度与单组分浓度应为线性关系,直线的斜率即为 k 值,再通过两组分的混合溶液可以测得 $A_{\lambda_a}^{a+b}$ 和 $A_{\lambda_b}^{a+b}$,根据式(4-8)、(4-9)可以求出[MR$^-$]和[HMR]值。

四、仪器与药品

仪器:分光光度计 1 台、酸度计 1 台、217 型饱和甘汞电极 1 支、玻璃电极 1 支、容量瓶(100 mL,5 只;50 mL,2 只;25 mL,6 只)、50 mL 量筒 1 只、50 mL 烧杯 4 只、移液管(10 mL,1 支;5 mL,1 支)。

药品:95%乙醇(AR)、HCl(0.1 mol·L^{-1})、甲基红(AR)、醋酸钠(0.05 mol·L^{-1}、0.01 mol·L^{-1})、醋酸(0.02 mol·L^{-1})。

五、实验步骤

1. 配制溶液

(1)甲基红溶液。称取 0.400 g 甲基红,加入 300 mL 95%的乙醇,待溶后,用

蒸馏水稀释至 500 mL 容量瓶中。

(2)甲基红标准溶液。取 10.00 mL 甲基红溶液,加入 50 mL 95％的乙醇,用蒸馏水稀释至 100 mL 容量瓶中。

(3)溶液 a。取 10.00 mL 甲基红标准溶液,加入 0.1 mol·L^{-1} 盐酸 10 mL,用蒸馏水稀释至 100 mL 容量瓶中。

(4)溶液 b。取 10.00 mL 甲基红标准溶液,加入 0.05 mol·L^{-1} 醋酸钠 20 mL,用蒸馏水稀释至 100 mL 容量瓶中。将溶液 a、b 和空白液(蒸馏水)分别放入三个洁净的比色皿内。

2. 吸收光谱曲线的测定

接通电压,预热仪器。测定溶液 a 和溶液 b 的吸收光谱曲线,求出最大吸收峰的波长 λ_a 和 λ_b。波长从 380 nm 开始,每隔 20 nm 测定一次,在吸收高峰附近,每隔 5 nm 测定一次,每改变一次波长都要用空白溶液校正,直至波长为 600 nm 为止。作 A-λ 曲线,求出波长 λ_a 和 λ_b 值。

3. 验证朗伯-比尔定律,并求出 $k_{\lambda_a}^a$、$k_{\lambda_b}^a$、$k_{\lambda_a}^b$ 和 $k_{\lambda_b}^b$

(1)分别移取 5.00 mL、10.00 mL、15.00 mL、20.00 mL 溶液 a 于 4 个 25 mL 容量瓶中,然后用 0.01 mol·L^{-1} 盐酸稀释至刻度,此时甲基红主要以[HMR]形式存在。

(2)分别移取 5.00 mL、10.00 mL、15.00 mL、20.00 mL 溶液 b 于 4 个 25 mL 容量瓶中,用 0.01 mol·L^{-1} 醋酸钠稀释至刻度,此时甲基红主要以[MR$^-$]形式存在。

(3)在波长为 λ_a、λ_b 处分别测定上述各溶液的吸光度 A。如果在 λ_a、λ_b 处,上述溶液符合朗伯-比尔定律,则可得 4 条 A-C 直线,由此可求出 $k_{\lambda_a}^a$、$k_{\lambda_b}^a$、$k_{\lambda_a}^b$ 和 $k_{\lambda_b}^b$ 值。

4. 测定混合溶液的总吸光度及其 pH 值

(1)取 4 个 100 mL 容量瓶,分别配制含甲基红标准液、醋酸钠溶液和醋酸溶液的 4 种混合溶液,4 种溶液的 pH 值分别为 2、4、8 和 10,先计算所需的各溶液体积,并列于表 4-1 中。

表 4-1 所需各溶液的体积

编号	试剂用量/ mL		
	甲基红标准液	醋酸钠溶液(0.05 mol·L^{-1})	醋酸溶液(0.02 mol·L^{-1})

(2)分别用 λ_a 和 λ_b 波长测定上述 4 种溶液的总吸光度。

(3)测定上述 4 种溶液的 pH 值。

六、数据处理

(1)将实验步骤 3 和 4 中的数据分别列入表 4-2 和表 4-3 中。

表 4-2　实验步骤 3 测得数据记录表

溶液相对浓度	$A_{\lambda_a}^{a}$	$A_{\lambda_b}^{a}$	$A_{\lambda_a}^{b}$	$A_{\lambda_b}^{b}$

表 4-3　实验步骤 4 测得数据记录表

编号	$A_{\lambda_a}^{a+b}$	$A_{\lambda_b}^{a+b}$	pH 值

(2)根据实验步骤 2 测得的数据作 $A-\lambda$ 图,绘制溶液 a 和溶液 b 的吸收光谱曲线,求出最大吸收峰的波长 λ_a 和 λ_b。

(3)实验步骤 3 中得到 4 组 $A-C$ 关系图,从图上可求得单组分溶液 a 和溶液 b 在波长各为 λ_a 和 λ_b 时的 4 个吸光系数 $k_{\lambda_a}^{a}$、$k_{\lambda_b}^{a}$、$k_{\lambda_a}^{b}$ 和 $k_{\lambda_b}^{b}$。

(4)由实验步骤 4 所测得的混合溶液的总吸光度,根据式(4-8)、(4-9),求出各混合溶液中[MR$^-$]、[HMR]值。

(5)根据测得的 pH 值,按式(4-2)求出各混合溶液中甲基红的电离平衡常数。

七、注意事项

(1)使用分光光度计时,先接通电源,预热 20 min。为了延长光电管的寿命,在不测定时,应将暗盒盖打开。

(2)使用酸度计前应预热半小时,使仪器稳定。

(3)玻璃电极使用前需在蒸馏水中浸泡 24 h。

(4)使用饱和甘汞电极时应将上面的小橡皮塞及下端橡皮套取下来,以保持液位压差。

八、思考题

(1)测定的溶液中为什么要加入盐酸、醋酸钠和醋酸?

(2)在测定吸光度时,为什么每个波长都要用空白液校正零点?理论上应该用什么溶液作为空白溶液？本实验用的是什么溶液？

（3）本实验应怎样选择比色皿？

（4）使用分光光度计和pH计时应注意什么？

【讨论】

（1）分光光度法是建立在物质对辐射的选择性吸收的基础上的,基于电子跃迁而产生的特征吸收光谱,因此在实际测定中,须将每一种单色光分别、依次地通过某一溶液,作出吸收光谱曲线图,从图上找出对应于某波长的最大吸收峰,用该波长的入射光通过该溶液不仅有着最佳的灵敏度,而且在该波长附近测定的吸光度有最小的误差,这是因为在该波长的最大吸收峰附近 $dA/d\lambda=0$,而在其他波长时 $dA/d\lambda$ 数据很大,波长稍有改变,会引入很大的误差。

（2）本实验利用分光光度法来研究溶液中的化学反应平衡问题,较传统的化学法、电动势法研究化学平衡更为简便。它的应用不局限于可见光区,也可以扩大到紫外区和红外区,所以对于一系列没有颜色的物质也可以应用。此外,也可以在同一样品中对两种以上的物质同时进行测定,而不需要预先进行分离。故在化学中得到广泛的应用,不仅可测定解离常数、缔合常数、配合物组成及稳定常数,还可研究化学动力学中的反应速率和机理。

实验五 热分析法研究水滑石层状材料

实验项目性质:综合性
实验计划学时:6 学时

一、实验目的

(1)掌握制备层状结构材料的基本方法和技巧。
(2)掌握热分析法的基本原理以及热分析仪的正确使用方法。

二、预习要求

(1)了解水滑石材料的结构特点及合成方法。
(2)了解差热分析仪的基本原理及使用方法。

三、实验原理

1. 差热分析的原理

差热分析(differential thermal analysis,DTA)是在程序控制温度下测量物质和参比物的温度差和温度(或时间)关系的一种技术。当物质在加热或冷却过程中发生物理或化学变化时,往往会产生热效应。伴随热效应的变化有晶型转变、沸腾、升华、蒸发、熔融等物理变化,以及氧化还原、分解、脱水、燃烧等化学变化。另有一类变化,虽其本身不产生放热或吸热,但比热容等某些物理性质发生了变化,从而也会导致产生温度差,如玻璃化转变等。

在众多的热分析方法中,差热分析是使用最早、应用最广泛和研究得最多的一种热分析方法。20 世纪 50 年代以来,差热分析技术有了很大的发展,差热分析仪也向着自动化和微型化方向发展,在温度范围、加热均匀性和灵敏度方面都有了很大改进;差热分析广泛应用于矿物、陶瓷、水泥、催化、冶金等领域。

差热分析测量原理及工作原理如图 5-1 和图 5-2 所示。

差热分析仪主要由温度控制系统和差热信号测量系统组成,辅之以气氛和冷却水通道,测量结果由记录仪或计算机数据处理系统处理。

(1)温度控制系统。该系统由程序温度控制单元、控温热电偶及加热炉组成。程序温度控制单元可编程模拟复杂的温度曲线,给出毫伏信号。当控温热电偶的热电势与该毫伏值有偏差时,说明炉温偏离给定值,由偏差信号调整加热炉功率,使炉温很好地跟踪设定值,产生理想的温度曲线。

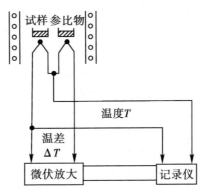

图 5-1 差热分析原理示意图

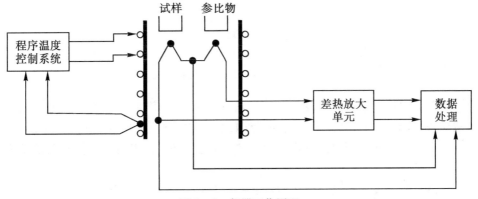

图 5-2 仪器工作原理

(2)差热信号测量系统。该系统由差热传感器、差热放大单元等组成。

差热传感器即样品支架,由一对差接的点状热电偶和四孔氧化铝杆等装配而成,测定时将试样与参比物(常用 α-Al_2O_3)分别放在两只坩埚中,置于样品杆的托盘上,然后使加热炉按一定速度升温(如 10 ℃·min^{-1})。如果试样在升温过程中没有热反应(吸热或放热),则其与参比物之间的温差 $\Delta T=0$;如果试样产生相变或气化则吸热,产生氧化分解则放热,从而产生温差 ΔT,将 ΔT 所对应的电势差(电位)放大并记录,便得到差热曲线。各种物质物理特性不同,因此表现出各自特有的差热曲线。

2. DTA 在材料中的应用

水滑石类化合物又称层状双金属氢氢化物(layered double hydroxides, LDHs)或阴离子黏土,具有类似于水镁石的层状结构。如图 5-3 所示,LDHs 层中因部分二价阳离子被三价阳离子替代,使层板带正电荷,层间充填有平衡电荷的有机或无机阴离子以及水分子,通式可表示为:$[M^{2+}_{1-x}M^{3+}_x(OH)_2]^{x+}(A^{n-}_{x/n}) \cdot m H_2O$,$M^{2+} = Mg^{2+}$,$Mn^{2+}$,$Zn^{2+}$;$M^{3+} = Al^{3+}$,$Fe^{3+}$,$Cr^{3+}$;$A = CO_3^{2-}$,$Cl^-$,$NO_3^-$,$OH^-$。LDHs 由于具有独特的阴离子交换性、层板组成的可设计性、结构的可恢复性,在催化、吸附、环境、医药、纳米材料、功能高分子材料等领域受到广泛的重视,是一类极具发展潜力的新型无机功能材料。

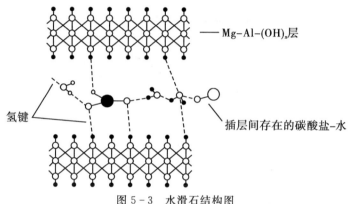

图 5-3 水滑石结构图

制备 LDHs 最常用的方法是共沉淀法,即 M^{2+} 和 M^{3+} 的可溶性盐溶液在较强的碱性条件(pH = 9～11)下发生共沉淀反应生成 $[M^{2+}_{1-x}M^{3+}_x(OH)_2]^{x+}(A^{n-}_{x/n}) \cdot m H_2O$。得到的水滑石经过一定温度的焙烧发生分解,从而得到分散均匀的纳米金属复合氧化物。

水滑石的分解一般经过两个过程:一是 200 ℃附近层间水的脱除,该过程是一个吸热过程;二是 400 ℃附近的吸热峰对应层板氢氧基团及层间阴离子的脱除,标志着层状结构破坏。所用金属的配比、层间阴离子的种类以及所用沉淀剂的种类对于层板电荷密度、层间水分子的氢键都会产生很大的影响,从而使滑石的热分解行为发生变化,最终导致复合金属氧化物的结构发生变化。本实验采用共沉淀法制备一系列 Mg/Al 水滑石,考察所用的沉淀剂、金属离子配比以及不同层间阴离子对于水滑石热分解行为的影响。

四、仪器与药品

仪器:热分析仪 1 台、磁力搅拌器 1 台、烘箱 1 台、恒压漏斗 1 个、100 mL 容量瓶 5 只、250 mL 容量瓶 2 只、250 mL 三口烧瓶 1 只、50 mL 烧杯 4 只、水浴锅 1 个、pH 试纸若干。

药品:0.5 mol·L^{-1} Mg(NO$_3$)$_2$·6H$_2$O,0.5 mol·L^{-1} Al(NO$_3$)$_3$·9H$_2$O,2.0

mol·L^{-1}、0.06 mol·L^{-1} NaOH,0.3 mol·L^{-1} Na$_2$CO$_3$,尿素,有机酸,去离子水。

五、实验步骤

1. Mg/Al 水滑石的制备

方法一:(1)以分析纯的 Mg(NO$_3$)$_2$·6H$_2$O、Al(NO$_3$)$_3$·9H$_2$O 为原料,用去离子水分别配制成 0.5 mol·L^{-1} 的溶液 100 mL。按照 n(Mg):n(Al)(摩尔比)为 3:1 的比例取出适当体积的上述溶液,在室温下混合均匀,然后放入 250 mL 三口烧瓶中。

(2)配制 2.0 mol·L^{-1} NaOH 和 0.3 mol·L^{-1} Na$_2$CO$_3$ 的混合溶液共 250 mL,作为沉淀剂。

(3)在强力搅拌下将三口烧瓶浸入 65 ℃ 水浴中,待温度达到设定温度后,在剧烈搅拌下将沉淀剂逐滴加入到金属硝酸盐混合溶液中,直至最终混合物的 pH 值到达 8~9。

(4)形成的混合物在 65 ℃ 动态晶化 8 h 后,过滤,用去离子水洗涤至中性,90 ℃ 干燥过夜,制得 Mg/Al 水滑石。

方法二:按 n(尿素):n(NO$_3^-$)(摩尔比)为 3:1 称取一定量的尿素直接装入盛有金属盐溶液的三口烧瓶中。在强力搅拌下将三口烧瓶浸入 95 ℃ 水浴中,当溶液温度超过 90 ℃ 后,尿素开始分解,有气体从溶液中逸出,并伴有白色沉淀生成。从溶液中出现白色沉淀开始计时,动态晶化 8 h 后,过滤,用去离子水洗涤至中性,90 ℃ 干燥过夜,制得 Mg/Al 水滑石。

方法三:称取物质的量为方法一中混合溶液 Al(NO$_3$)$_3$·9H$_2$O 三倍量的有机酸,加入适量蒸馏水使其溶解后再加入适量 NaOH 使有机酸转化为相应钠盐。在剧烈搅拌下将含 0.06 mol·L^{-1} 的 NaOH 溶液逐滴加入到混合溶液中,约 30 min 滴加完毕。继续搅拌 5 h,抽滤、洗涤至中性,90 ℃ 干燥过夜,制得 Mg/Al 水滑石。

2. 差热分析

(1)于坩埚中称量样品(约 10 mg),在另一只坩埚中放入质量相等的参比物,将样品和参比物小心放在托盘上,旋转后轻轻放下加热炉体。

(2)打开差热分析仪电源,在仪器上设定测定的温度范围。

(3)打开差热分析软件,对升温速率以及相应的电流、电压参数进行设置,系统自动记录并给出样品与参比的差热曲线及参比温度曲线。

(4)实验结束,停止加热,对谱图进行处理并打印。

(5)关闭软件及仪器,实验结束。

六、注意事项

(1) 水滑石的合成过程中,除了溶液 pH 值以及反应时间以外,Mg/Al 的比例、反应的温度以及 NaOH 的滴加速度等因素都会对产品结构造成影响。另外,样品的因素包括试样粒度、参比物性质、惰性稀释剂性质及制样过程等。如粒度减小,颗粒表面缺陷增加,峰温下降;有化学反应时因表面积增加而使速率加大,峰温也随之下降;参比物的导热系数也受到粒度、密度、比热容、填装方法等影响,同时还要考虑到气体和水分的吸附;在制样过程中进行粉碎可能改变样品结晶度等。

(2) 影响差热分析实验结果的主要因素有升温速率、参比的种类、炉内气氛以及样品的装填情况,特别是进行定量分析时,样品的粒度对实验结果也会造成影响,因此在实验过程中必须严格控制上述实验条件。一般来说试样量小,差热曲线出峰明显、分辨率高,基线漂移也小,但对仪器灵敏度要求更高。升温速率是影响差热曲线最重要的因素之一,一般当升温速率提高同时 DTA 曲线的降温上升,峰面积与峰高也有一定上升,对于高分子转变的松弛过程,升温速率的影响更大。炉内气氛则对有化学反应的过程产生大的影响。

仪器因素、加热方式及炉子的形状会影响到向样品中传热的方式、炉温均匀性及热惯性的不同;样品支持器尤其是匀温块也对热传递及温度分布有重要影响。除了试样和参比物温差以外,DTA 曲线的温度坐标对不同的仪器可能会有所差别,如可以是试样温度或参比物温度,也可以测量均温块的温度及炉内某一空间温度作为温度坐标;因此测温位置、热电偶类型与坩埚的接触方式都会对温度坐标产生影响。另一方面电子仪器的精度也是一个重要的影响因素。仪器因素一般是不可变的,但可以通过温度标定参样对仪器进行检定。

七、数据处理

结合水滑石的结构特点,对差热曲线中出现的峰形进行归属;从峰形大小及出峰温度等方面对比不同方法制得的水滑石差热曲线,分析造成水滑石层间结构发生变化的原因。

八、思考题

(1) 试结合本实验的试样讨论分子结构对水滑石聚合物 T_g、T_c、T_m 转变的影响。

(2) DTA 曲线中,用不同点来表示转变温度有何不同?何者为佳?

(3) 如果某物热效应 T_g 很小,如何增加其转变强度?

电化学实验

实验六　原电池电动势的测定

实验项目性质：设计性
实验计划学时：3学时

一、实验目的

(1)掌握电位差计的测量原理和正确使用方法。
(2)测定不同温度下可逆电池的电动势，计算出电池反应的热力学函数。

二、预习要求

(1)复习用对消法测定电池电动势的原理、方法及操作步骤。
(2)了解电位差计的使用方法。
(3)复习电池电动势计算化学反应热力学函数变化值的公式。

三、实验原理

电池(原电池或化学电源)是把化学能转变为电能的装置，它由两个半电池(电极)和连通两个电极的电解质溶液组成，其电动势等于正负电极的电势差。设正极电势为 φ_+，负极电势为 φ_-，则 $E=\varphi_+-\varphi_-$。

原电池电动势不能直接用伏特计来测量，因为电池与伏特计接通后有电流通过，在电池两极上会发生极化现象，使电极偏离平衡状态。另外，电池本身有内阻，伏特计所量得的仅是不可逆电池的端电压。

准确测定电池的电动势只能在无电流(或极小电流)通过电池的情况下进行，需用对消法测定原电池的电动势。其原理是在待测电池上并联一个大小相等、方向相反的外加电势差，这样待测电池中没有电流通过，外加电势差的大小即等于待测电池的电动势。电池由正、负两极组成。电池在放电过程中，正极发生还原反应，负极发生氧化反应，电池内部还可能发生其他反应。电池反应是电池中所有反应的总和。电池除可用来作为电源外，还可用来研究构成此电池的化学反应的热力学性质。

1. 求难溶盐 AgCl 的溶度积 K_{sp}

设计电池如下：

Ag(s)- AgCl(s)|HCl(0.100 mol·kg^{-1}) ‖ AgNO$_3$(0.100 mol·kg^{-1})|Ag(s)

正极反应：$Ag^+ + e^- \rightarrow Ag(s)$

负极反应：$Ag(s) + Cl^- \rightarrow AgCl(s) + e^-$

电池总反应：$Ag^+ + Cl^- \rightarrow AgCl(s)$

$$E = E^\theta - \frac{RT}{F}\ln\frac{1}{\alpha_{Ag^+}\alpha_{Cl^-}} \qquad (6-1)$$

又

$$\Delta_r G_m^\theta = -nE^\theta F = -RT\ln\frac{1}{K_{sp}} \qquad (6-2)$$

又因为式(6-2)中 $n=1$，在纯水中 AgCl 溶解度极小，所以活度积就等于溶度积。所以

$$E^\theta = \frac{RT}{F}\ln\frac{1}{K_{sp}} \qquad (6-3)$$

将式(6-3)代入式(6-1)化简有

$$\ln K_{sp} = \ln\alpha_{Ag^+} + \ln\alpha_{Cl^-} - \frac{EF}{RT} \qquad (6-4)$$

已知 α_{Ag^+}、α_{Cl^-}，测得电池电动势 E，即可求得 K_{sp}。

2. 求银电极的标准电极电势

对银电极可设计电池如下：

Hg(l)- Hg$_2$Cl$_2$(s)|KCl(饱和) ‖ AgNO$_3$(0.100 mol·kg^{-1})|Ag(s)

正极反应：$Ag^+ + e \rightarrow Ag$

负极反应：$2Hg + 2Cl^- \rightarrow Hg_2Cl_2 + 2e$

电池电动势：$E = \varphi_+ - \varphi_- = \varphi_{Ag^+,Ag}^\theta + \frac{RT}{F}\ln\alpha_{Ag^+} - \varphi_{饱和甘汞} \qquad (6-5)$

所以 $\varphi_{Ag^+,Ag}^\theta = E - \frac{RT}{F}\ln\alpha_{Ag^+} + \varphi_{饱和甘汞} \qquad (6-6)$

已知 α_{Ag^+} 及 $\varphi_{饱和甘汞}$，测得电动势 E，即可求得 $\varphi_{Ag^+,Ag}^\theta$。

3. 求电池反应的 $\Delta_r G_m$、$\Delta_r S_m$、$\Delta_r H_m$、$\Delta_r G_m^\theta$

在恒温恒压条件下，可逆电池反应的摩尔吉布斯函数的变化值 $\Delta_r G_m$ 与电池电动势 E 有如下关系

$$\Delta_r G_m = -nEF \tag{6-7}$$

$$\Delta_r G_m = \Delta_r H_m - T\Delta_r S_m \tag{6-8}$$

根据热力学函数关系,有

$$\Delta_r S_m = -\left(\frac{\partial \Delta_r G_m}{\partial T}\right)_p = nF\left(\frac{\partial E}{\partial T}\right)_p \tag{6-9}$$

将式(6-1)、式(6-3)代入式(6-2)可得

$$\Delta_r H_m = -nFE + nFT\left(\frac{\partial E}{\partial T}\right)_p \tag{6-10}$$

所以,在 101.325 kPa 下,测定一定温度下电池的电动势,即可求得该电池反应的 $\Delta_r G_m$。测定其他温度下的电池的电动势,作 $E-T$ 图,从曲线斜率可求得任一温度下的 $(\partial E/\partial T)_p$,再根据式(6-9)、式(6-10)分别求得 $\Delta_r S_m$ 和 $\Delta_r H_m$。

四、仪器与试剂

仪器:SDC-Ⅱ型数字电位差综合测试仪 1 套,标准电池 1 个,饱和甘汞电极,银-氯化银电极、铜电极、锌电极、银电极各 1 支,盐桥 3 个。

试剂:KCl 饱和溶液。

五、实验步骤

1. 校验

(1)按有关电池要求,接好测量电路。根据室温对标准电池电动势进行校正,校正时应注意电池电动势与温度校正电势单位之间的关系。

(2)将已知电动势的标准电池按"＋""－"极性与"外标插孔"连接。

(3)将"测量选择"旋钮置于"外标"。

(4)调节"10^0、10^{-1}、10^{-2}、10^{-3}、10^{-4}"五个旋钮和"补偿"旋钮,使"电位指示"显示的数值与标准电池数值相同。

(5)待"检零指示"数值稳定后,按"采零"键,此时"检零指示"显示为"0000"。

2. 测量

(1)拔出"外标插孔"的接线与被测电动势按"＋""－"极性接入"测量插孔"。

(2)将"测量选择"置于"测量",按住"测量"按钮,并快速同时调节"10^0、10^{-1}、10^{-2}、10^{-3}、10^{-4}"以及"补偿"等六个旋钮,使"检零指示"显示数值为负且绝对值最小。再调节"补偿"旋钮使"检零指示"为"0000",此时"电位显示"数值即为被测电势的值。

(3)本实验测定下列三个电池的电动势:

$Hg(l)-Hg_2Cl_2(s) | KCl(饱和) \parallel AgNO_3(0.100\ mol \cdot kg^{-1}) | Ag(s)$

Ag(s)-AgCl(s)|HCl(0.100 mol·kg^{-1})‖AgNO$_3$(0.100 mol·kg^{-1})|Ag(s)

Zn(s)|ZnSO$_4$(0.05 mol·kg^{-1}) ‖ CuSO$_4$(0.05 mol·kg^{-1})|Cu(s)

六、数据记录及处理

(1)计算标准电池电动势 $E=$ _____ V。

(2)电池电动势的测量,将电池电动势的测量结果记录于 6-1 中。

表 6-1 电池电动势的测量结果

室温＝_____℃　大气压＝_____Pa

电池电动势/V	E_1	E_2	E_3	E
Ag(s)-AgCl(s)|HCl(0.100 mol·kg^{-1})‖ AgNO$_3$(0.100 mol·kg^{-1})|Ag(s)				
Hg(l)-Hg$_2$Cl$_2$(s)|KCl(饱和)‖AgNO$_3$(0.100 mol·kg^{-1})|Ag(s)				
Zn|ZnSO$_4$(0.05 mol·kg^{-1}) ‖ CuSO$_4$(0.05 mol·kg^{-1})|Cu				

(3)计算 AgCl 的 K_{sp}。

(4)计算 $\varphi^0_{Ag^+,Ag}$,并将实验测得值与理论计算值比较,算出误差。

七、注意事项

(1)连接线路时,切勿正负极接反。

(2)铜电极和锌电极在使用之前,使用砂纸打磨,以去除表面的氧化物,再经水冲洗,吹干,备用。

(3)测试时,必须在保证后面小量程回零的基础上,从大量程往小量程调整。

八、思考题

(1)盐桥有什么作用?选用作盐桥的物质应有什么原则?

(2)对消法测定电池电动势装置中,电位差计、工作电源、标准电池及检流计各起什么作用?

九、扩展实验

(1)设计实验利用电动势法测定难溶盐氯化银的溶度积。

(2)设计实验利用电动势法测定丹尼尔电池的热力学函数,如 $\Delta_r G_m$、$\Delta_r S_m$、$\Delta_r H_m$、$\Delta_r G_m^\ominus$。

(3)设计水果电池,并测量水果电池的电动势。

实验七 镍在硫酸中的钝化行为实验

实验项目性质:设计性
实验计划学时:6 学时

一、实验目的

(1)了解金属钝化行为的原理和测量方法。
(2)掌握用线性电位扫描法测定镍在硫酸溶液中的阳极极化曲线和钝化行为。
(3)测定氯离子浓度对镍钝化的影响。

二、预习要求

(1)了解金属钝化过程。
(2)了解极化曲线的测量原理和方法。
(3)掌握由极化曲线求钝化区间的方法。

三、基本原理

(一) 金属的阳极过程

金属的阳极过程是指金属作为阳极发生电化学溶解的过程,如下式所示:$M \rightarrow M^{n+} + ne^-$

在金属的阳极溶解过程中,其电极电势必须高于其热力学电势,电极过程才能发生。这种电极电势偏离其热力学电势的现象称为极化。当阳极极化不大时,阳极过程的速率随着电势变正而逐渐增大,这是金属的正常溶解。但当电极电势达到某一数值时,其溶解速率达到最大,而后,阳极溶解速率随着电势变正,反而大幅度地降低,这种现象称为金属的钝化现象。

金属钝化一般可分为两种。若把铁浸入浓硝酸(比重 $d > 1.25$)中,一开始铁溶解在酸中并置换出 H_2,这时铁处于活化状态。经过一段时间后,铁几乎停止了溶解,此时的铁也不能从硝酸银溶液中置换出银,这种现象被称之为化学钝化。另一种钝化称之为电化学钝化,即用阳极极化的方法使金属发生钝化。金属处于钝化状态时,其溶解速度较小,一般为 $10^{-6} \sim 10^{-8}$ A·cm^{-2}。

金属由活化状态转变为钝化状态,至今还存在着两种不同的观点。有人认为金属钝化是由于金属表面形成了一层氧化物,因而阻止了金属进一步溶解;也有人认为金属钝化是由于金属表面吸附氧而使金属溶解速度降低。前者称为氧化物理论,后者称为表面吸附理论。

(二) 恒电势阳极极化曲线的测量原理和方法

控制电势法测量极化曲线时,一般采用恒电位仪,它能将研究电极的电势恒定地维持在所需值,然后测量对应于该电势下的电流。由于电极表面状态在未建立稳定状态之前,电流会随时间而改变,故一般测出的曲线为"暂态"极化曲线。在实际测量中,常采用的控制电势测量方法有下列两种。

1. 静态法

将电极电势较长时间地维持在某一恒定值,同时测量电流随时间的变化,直到电流值基本上达到某一稳定值。如此逐点地测量各个电极电势(例如每隔 20、50 或 100 mV)下的稳定电流值,以获得完整的极化曲线。

2. 动态法

控制电极电势以较慢的速度连续地改变(扫描),测量对应电势下的瞬间电流值,并以瞬时电流与对应的电极电势作图,获得完整的极化曲线。所采用的扫描速度(即电势变化的速率)需要根据研究体系的性质选定。一般来说,电极表面建立稳态的速度愈慢,则扫描速率也应愈慢,这样才能使所测得的极化曲线与采用静态法时测得的极化曲线接近。上述两种方法都已获得了广泛的应用。从测定结果的比较可以看出,静态法测量结果虽较接近稳态值,但测量时间太长。本实验采用动态法。

用动态法测量金属的阳极极化曲线时,对于大多数金属均可得到如图 7-1 所示的形式。需要强调的是恒电势法,不是指电势恒定不变,而是指控制的是电势,测出相应的电流值。

用控制电势法测得的极化曲线可分为四个区域,如图 7-1 所示。

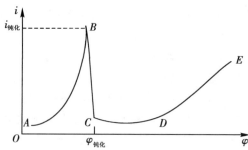

图 7-1 恒电势法测得的金属阳极极化曲线

(1) AB 段为活性溶解区,此时金属进行正常的阳极溶解,阳极电流随电势的正移而不断增大,符合塔菲尔(Tafel)公式。

(2) BC 段为过渡钝化区,随着电势变正达到 B 点之后,此时金属发生钝化,随着电势的正移,金属溶解速度不断降低,并过渡到钝化状态(C 点之后)。

(3) CD 段为稳定钝化区,在此区域内金属的溶解速率减低到最小数值,并且基本上不随电势的变化而改变。

(4) DE 段为超钝化区,此时阳极电流又重新随电势的正移而增大,电流增大的原因可能是高价金属离子的产生,也可能是水的电解析出的 O_2,还可能是两者同时出现。

(三)影响金属钝化过程的几个因素

金属钝化现象是十分常见的,人们已对它进行了大量的研究工作,影响金属钝化过程及钝态性质的因素可归纳为以下几点。

1. 溶液组成

(1) 中性溶液中,金属一般是比较容易钝化的,而在酸性溶液或某些碱性溶液中要困难得多,这与阳极反应产物的溶解度有关。

(2) 卤素离子,特别是氯离子的存在会阻止金属的钝化过程,已经钝化了的金属也容易被它破坏(活化)。氯离子具有穿透性,能透过致密的氧化膜到达金属表面,从而使金属的阳极溶解速率重新增加。

(3) 溶液中存在某些具有氧化性的阴离子(如 CrO_4^{2-})可以促进金属的钝化。

2. 金属的化学组成和结构

各种纯金属的钝化能力很不相同,以铁、镍、铬三种金属为例,铬最容易钝化,镍次之,铁较差些。因此添加铬、镍可以提高钢铁的钝化能力,不锈钢材是一个极好的例子。一般来说,在合金中添加易钝化的金属时可以大大提高合金的钝化能力及钝态的稳定性。

3. 外界因素

一般来说升温以及搅拌可以推迟或防止钝化过程的发生,这与离子的扩散有关。

四、仪器与试剂

仪器:CHI760E 电化学分析仪、三电极电解池、研究电极、辅助电极、饱和甘汞电极、金相砂纸。

试剂：H_2SO_4(AR)、蒸馏水、KCl(AR)。

五、实验步骤

本实验用线性电位扫描法分别测量 Ni 在 $0.1\ mol \cdot L^{-1}\ H_2SO_4$、$0.1\ mol \cdot L^{-1}$ $H_2SO_4 + 0.01\ mol \cdot L^{-1}\ KCl$、$0.1\ mol \cdot L^{-1}\ H_2SO_4 + 0.02\ mol \cdot L^{-1}\ KCl$、$0.1\ mol \cdot L^{-1}\ H_2SO_4 + 0.04\ mol \cdot L^{-1}\ KCl$、$0.1\ mol \cdot L^{-1}\ H_2SO_4 + 0.1\ mol \cdot L^{-1}$ KCl 溶液中的阳极极化曲线。

(1)打开仪器和计算机的电源开关，预热 10 min。

(2)研究电极底面用金相砂纸打磨后，用蒸馏水冲洗干净，擦干后将其放入已洗净并装有 $0.1\ mol \cdot L^{-1}\ H_2SO_4$ 溶液的电解池中。分别装好辅助电极和参比电极，并按图 7-2 接好测量线路。红色夹子接辅助电极；绿色夹子接研究电极；白色夹子接参比电极。

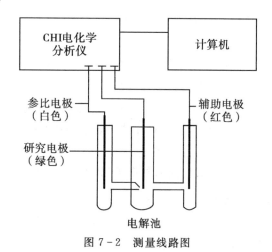

图 7-2　测量线路图

(3)通过计算机使 CHI 仪器进入 Windows 工作界面；在工具栏里选中"Control"(控制)，此时屏幕上显示一系列命令菜单，再选中"Open Circuit Potential"(开路电势)，数秒钟后屏幕上即显示开路电位值(镍工作电极相对于参比电极的电位)，记下该数值；在工具栏里选中"T"(实验技术)，此时屏幕上显示一系列实验技术的菜单，再选中"Linear Sweep Voltammetry"(线性电位扫描法)，然后在工具栏里选中"Setting Parameter"(参数设定，在"T"的右边)，此时屏幕上显示一系列需设定参数的对话框。

初始电位(Init E)：设为比之前所测得的开路电位小 0.1 V；

终止电位(Final E)：设为 1.4 V；

扫描速率(Scan Rate):定为 0.01 V/s;

采样间隔(Sample Interval):选用框中显示值;

初始电位下的极化时间(Quiet Time):设为 300 s;

电流灵敏度(Sensitivity):设为 0.001 A。

至此参数已设定完毕,点击"OK"键;然后点击工具栏中的运行键,此时仪器开始运行,屏幕上即时显示当时的工作状况和电流对电位的曲线。扫描结束后点击工具栏中的"Graphics",再点击"Graph Option",在对话框中分别填上电极面积和所用的参比电极及必要的注解,然后在"Graph Option"中点击"Preasent Data Plot",显示完整的实验结果。给实验结果取个文件名,存盘。

(4)在原有的溶液中分别加入 KCl 使之成为 0.1 mol·L^{-1}H$_2$SO$_4$+0.01 mol·L^{-1}KCl、0.1 mol·L^{-1}H$_2$SO$_4$+0.02 mol·L^{-1}KCl、0.1 mol·L^{-1}H$_2$SO$_4$+0.04 mol·L^{-1}KCl、0.1 mol·L^{-1}H$_2$SO$_4$+0.1 mol·L^{-1}KCl 溶液,重复上述步骤进行测量。每次测量前工作电极必须用金相砂纸打磨并清洗干净。(注意:当溶液中 KCl 浓度≥0.02 mol·L^{-1}时,当电流大于 10 mA,即电流溢出 Y 轴时应及时停止实验,以免损伤工作电极。调整灵敏度为 0.01 A,重新实验。)

实验完毕,断开电源,取出工作电极和辅助电极,清洗电解液。

六、数据处理

(1)以电流密度为纵坐标,电极电位为横坐标(相对于参比电极),绘出以下条件下阳极的极化曲线。

①镍在硫酸中的极化曲线。

②铁在硫酸中的极化曲线。

③铁在 0.1 mol·L^{-1}H$_2$SO$_4$+0.01 mol·L^{-1}KCl 溶液中的极化曲线。

④铁在 0.1 mol·L^{-1}H$_2$SO$_4$+0.02 mol·L^{-1}KCl 溶液中的极化曲线。

⑤铁在 0.1 mol·L^{-1}H$_2$SO$_4$+0.04 mol·L^{-1}KCl 溶液中的极化曲线。

⑥铁在 0.1 mol·L^{-1}H$_2$SO$_4$+0.1 mol·L^{-1}KCl 溶液中的极化曲线。

根据上述极化曲线完成表 7-1。

(2)讨论所得实验结果及曲线意义,指出 $\varphi_{钝化}$ 和 $i_{钝化}$ 的值。

(3)讨论 Cl$^-$ 对镍阳极钝化的影响。

表 7-1　数据记录表

溶液组成	开路电位 $E_{开}$/V	初始电位 $E_{初}$/V	钝化电位 $E_{钝化}$/V	钝化电流密度 $i_{钝化}$/(A·cm^{-2})	稳定钝化区间 (CD)	稳定钝化区电流密度 $i_{钝化}$/(A·cm^2)
0.1 mol·L^{-1} H$_2$SO$_4$						
0.1 mol·L^{-1} H$_2$SO$_4$ + 0.01 mol·L^{-1} KCl						
0.1 mol·L^{-1} H$_2$SO$_4$ + 0.02 mol·L^{-1} KCl						
0.1 mol·L^{-1} H$_2$SO$_4$ + 0.04 mol·L^{-1} KCl						
0.1 mol·L^{-1} H$_2$SO$_4$ + 0.1 mol·L^{-1} KCl						

七、思考题

(1) 比较恒电流法和恒电位法测定极化曲线有何异同，并说明原因。
(2) 测定阳极钝化曲线为何要用恒电位法？
(3) 做好本实验的关键有哪些？
(4) 如果对某种系统进行阳极保护，首先必须明确哪些参数？

实验八　电导法测弱电解质的电离平衡常数

实验项目性质:设计性
实验计划学时:3 学时

一、实验目的

(1)用电导法测定醋酸的电离平衡常数。
(2)了解电导的基本概念。
(3)掌握电导率仪的使用方法。

二、预习要求

(1)了解电解质溶液的电导率、摩尔电导的定义。
(2)了解用电导率仪测定电导率的原理和方法。
(3)了解电离平衡常数与电导的关系。

三、实验原理

醋酸在水溶液中达到电离平衡时,其电离平衡常数与浓度 c 及电离度 α 有如下关系

$$K_c^\theta = \frac{\alpha^2}{1-\alpha} \cdot \frac{c}{c^\theta} \tag{8-1}$$

在一定温度下,K_c^θ 是一个常数,因此,可通过测定醋酸在不同浓度下的电离度 α,代入式(8-1)求得 K_c^θ。

醋酸的电离度可用电导法来测定。电解质溶液的导电能力可用电导 G 来表示

$$G = \kappa \frac{A}{L} = \frac{\kappa}{K_{(l/A)}} \tag{8-2}$$

式中:$K_{(l/A)}$ 为电导池常数;κ 为电导率。电导率的物理意义:两极板面积和距离均为单位数值时溶液的电导。电导率 κ 与温度、浓度有关,当温度一定时,对一定电解质溶液,电导率只随浓度的变化而改变,因此,引入了摩尔电导率的概念。

$$\Lambda_m = \frac{\kappa}{c} \tag{8-3}$$

式中:Λ_m 为摩尔电导率;c 为电解质溶液的物质的量浓度(mol/m³)。

弱电解质的电离度与摩尔电导率的关系为

$$\alpha = \Lambda_m / \Lambda_m^\infty \tag{8-4}$$

不同温度下醋酸溶液的 Λ_m^∞（无限稀释摩尔电导率）值，如表 8-1 所示。

表 8-1　不同温度下醋酸溶液的 Λ_m^∞

$t/℃$	$\Lambda_m^\infty \times 10^2$ /(S·m²·mol⁻¹)	$t/℃$	$\Lambda_m^\infty \times 10^2$ /(S·m²·mol⁻¹)	$t/℃$	$\Lambda_m^\infty \times 10^2$ /(S·m²·mol⁻¹)
20	3.615	24	3.841	28	4.079
21	3.669	25	3.903	29	4.125
22	3.738	26	3.960	30	4.182
23	3.784	27	4.009		

将式(8-4)代入式(8-1)得

$$K_c^\ominus = \frac{\Lambda_m^2}{\Lambda_m^\infty(\Lambda_m^\infty - \Lambda_m)} \cdot \frac{c}{c^\ominus} \tag{8-5}$$

测量不同浓度的电解质溶液的摩尔电导率，即可计算求得电离平衡常数 $K_c^\ominus$。

四、仪器与试剂

仪器：恒温槽 1 套、电导率仪及配套电极 1 套、25 ml 移液管 3 支、50 ml 移液管 1 支、三角烧瓶 3 个。

试剂：KCl 溶液（0.0100 mol·L⁻¹）、CH_3COOH 溶液（0.1000 mol·L⁻¹）、电导水。

五、实验步骤

(1) 开启并调节恒温槽，使温度控制在 25 ℃，将电导水、醋酸溶液置于其中。

(2) 测定 25 ℃时电导水的电导率。

(3) 测定醋酸溶液浓度为 c_0 时的电导率，然后按照每次稀释成原来的 $\frac{1}{2}$ 的方法稀释醋酸溶液，测定出醋酸溶液浓度分别为 $\frac{1}{2}c_0$、$\frac{1}{4}c_0$、$\frac{1}{5}c_0$ 时的电导率。

六、数据记录及处理

将实验数据记录和处理结果填于表 8-2 中。

表 8-2 实验结果记录表

室温＝_____℃　　　大气压＝_____Pa　　　恒温槽温度＝_____℃

$c/(\text{mol·L}^{-1})$	$\kappa/(\text{S·m}^{-1})$		$\Lambda_m/(\text{S·m}^2\text{·mol}^{-1})$	α	$K_c^\ominus$
0.100	1	平均值			
	2				
	3				
0.050	1	平均值			
	2				
	3				
0.025	1	平均值			
	2				
	3				
0.020	1	平均值			
	2				
	3				

七、注意事项

(1) 电极要用待测液润洗三次,切勿用滤纸擦铂黑电极。
(2) 同一溶液电导率的相对测量偏差不能超过 5%。

八、思考题

(1) 为何要测定电导池常数？
(2) 若醋酸水溶液中的水纯度不高,将会对实验结果产生怎样的影响？
(3) 本实验依据的原理是什么？如何从醋酸溶液的电导得到醋酸的电离常数？
(4) 醋酸溶液的电导(电阻)与其浓度有何关系？

实验九 离子迁移数的测定

实验项目性质:验证性
实验计划学时:3 学时

一、实验目的

(1)掌握希托夫法测定电解质溶液中离子迁移数的基本原理和操作方法。
(2)学习库仑计的使用原理及使用方法。
(3)测定 $CuSO_4$ 溶液中 Cu^{2+} 和 SO_4^{2-} 的迁移数。

二、预习要求

(1)迁移数的计算。
(2)库仑计的结构。
(3)通电前后阴极、阳极区正、负离子的浓度变化。

三、实验原理

当电流通过电解质溶液时,溶液中的正、负离子各自向阴、阳两极迁移,由于各种离子的迁移速度不同,各自所带电量也必然不同。每种离子所带电量与通过溶液的总电量之比,称为该离子在此溶液中的迁移数。若正、负离子传递电量分别为 q_+ 和 q_-,通过溶液的总电量为 Q,则正、负离子的迁移数分别为

$$t_+ = q_+/Q \qquad t_- = q_-/Q$$

离子迁移数与浓度、温度、溶剂的性质有关,增加某种离子的浓度则该离子传递电量的百分数增加,离子迁移数也相应增加;温度改变,离子迁移数也会发生变化,但温度升高正、负离子的迁移数差别较小;同一种离子在不同电解质中迁移数是不同的。

离子迁移数可以直接测定,方法有希托夫法、界面移动法和电动势法等。本实验选用希托夫法。希托夫法是根据电解前后两电极区电解质数量的变化来求算离子的迁移数的。

用希托夫法测定 $CuSO_4$ 溶液中 Cu^{2+} 和 SO_4^{2-} 的迁移数时,在溶液中间区浓度不变的条件下,分析通电前原溶液及通电后阳极区(或阴极区)溶液的浓度,比较等重量溶剂所含 $CuSO_4$ 的量,可计算出通电后迁移出阳极区(或阴极区)的 $CuSO_4$ 的

量。通过溶液的总电量 Q(由串联在电路中的电量计测定)可算出 t_+ 和 t_-。

以 Cu 为电极,电解稀 $CuSO_4$ 溶液为例。通电时,溶液中的 Cu^{2+} 在阴极上发生还原,而在阳极上金属铜溶解生成 Cu^{2+}。电解后,阴极附近 Cu^{2+} 浓度变化是由两种原因引起的:① Cu^{2+} 迁入;②铜在阴极上发生还原反应,即

$$Cu^{2+} + 2e \rightarrow Cu(s)$$

因而对于阴极区,有

$$n_{迁} = n_{后} - n_{前} + n_{电}$$

$$t_{Cu^{2+}} = \frac{n_{迁}}{n_{电}}, t_{SO_4^{2-}} = 1 - t_{Cu^{2+}}$$

式中:$n_{迁}$ 表示电解过程中迁入阴极区 Cu^{2+} 的物质的量;$n_{前}$ 表示电解前阴极区存在的 Cu^{2+} 的物质的量;$n_{后}$ 表示通电后阴极区存在的 Cu^{2+} 的物质的量;$n_{电}$ 表示通电过程中阴极还原生成的 Cu 的物质的量。

由于电解前后 $CuSO_4$ 总量不变,因此阳极区 $CuSO_4$ 增加的物质的量是阴离子迁入造成的,理论上,同一种离子在阳极区与阴极区的迁移数应该相等。

可以看出希托夫法测定离子的迁移数至少包括以下两个假定。

(1)电量的输送者只是电解质的离子,溶剂水不导电,这一点与实际情况接近。

(2)不考虑离子水化现象。

实际上正、负离子所带水量不一定相同,因此电极区电解质浓度的改变,部分是由于水迁移所引起的,这种不考虑离子水化现象所测得的迁移数称为希托夫迁移数。

四、仪器与试剂

仪器:迁移管 1 套、铜电极 2 支、离子迁移数测定仪 1 台、铜电量计 1 台、分析天平 1 台、台秤 1 台、250 mL 碱式滴定管 1 支、100 mL 碘量瓶 1 只、250 mL 碘量瓶 1 只、20 mL 移液管 3 支。

试剂:KI 溶液(10%)、淀粉指示剂(0.5%)、硫代硫酸钠溶液(0.12 mol·L^{-1})、$K_2Cr_2O_7$ 溶液(0.015 mol·L^{-1})、H_2SO_4 溶液(2 mol·L^{-1})、$CuSO_4$ 溶液(0.05 mol·L^{-1})、KSCN 溶液(10%)、HCl 溶液(4 mol·L^{-1})。

五、实验步骤

(1)水洗干净直形迁移管,然后用 0.05 mol·L^{-1} $CuSO_4$ 溶液荡洗两次后(注意,迁移管活塞下的尖端部分也要荡洗),盛满硫酸铜溶液(注意,迁移管活塞下的尖端部分也要充满溶液),并安装到迁移管固定架上。电极表面若有氧化层可用细

砂纸打磨,处理洁净并用硫酸铜溶液淋洗后装入迁移管中。

(2)将铜电量计中阴极铜片取下(铜电量计中有三片铜片,中间的作为阴极)。先用细砂纸磨光,然后用蒸馏水清洗,在 1 mol·L^{-1}硝酸溶液中稍微洗涤一下,以除去表面的氧化层,再用蒸馏水冲洗,然后以乙醇淋洗并吹干(注意温度不能太高)。在分析天平上称重,装入电量计中,迁移管、毫安计、铜电量计及直流电源按照图 9-1 安装。

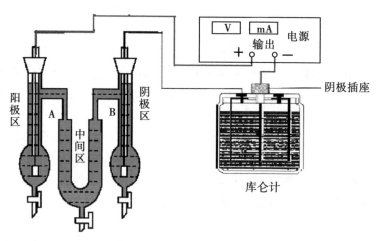

图 9-1 希托夫法测定迁移数的实验装置图

(3)在检查完线路确认连接正确以后,接通电源,按下"稳流"键,调节电流强度为 20 mA,连续通电 90 min(通电时要注意电流稳定)。

(4)在通电期间,定量滴定 CuSO$_4$ 原溶液并注意观察滴定所产生的现象,实验结束后记录原溶液浓度并与中间区的浓度进行对比。

(5)停止通电后,立即关闭活塞。取出库仑计中的阴极铜片,用蒸馏水洗净,用乙醇淋洗并吹干,在分析天平上称重。取两个空且干燥的锥形瓶称重,取阴极区溶液以及中间区溶液全部放入标记好的锥形瓶中,称重,滴定。从迁移管中取溶液时电极需要稍稍打开,尽量不要搅动溶液,阴极区和阳极区的溶液需要同时放出,防止中间区溶液的浓度改变。

(6)Na$_2$S$_2$O$_3$ 溶液的滴定。用 10 mL 量筒在各瓶中加 10%的碘化钾溶液 10 mL、1mol·L^{-1}醋酸溶液 10 mL(置于暗处),用标准硫代硫酸钠滴定至淡黄色,加入 1 mL 淀粉指示剂,再滴至紫色消失。

六、数据处理

将实验数据记录于表 9-1 中。

表 9-1　实验数据记录表

电流强度 $I=$ _____ mA　　　　通电时间 $t=$ _____ min

实验温度＝_____ ℃　　　　硫代硫酸钠浓度＝_____ $mol \cdot L^{-1}$

通电前铜阴极质量＝_____ g　　　　通电后铜阴极质量＝_____ g

	锥形瓶/g		溶液质量 Δm	滴定 $Na_2S_2O_3$ 用量/mL		
	$m_{空瓶}$	$m_{总}$		V_1	V_2	ΔV
中间区						
阴极区						

(1) 从中间区分析结果得到每克水中所含的硫酸铜的质量(g)

硫酸铜的质量＝硫代硫酸钠溶液的体积×硫代硫酸钠溶液的浓度× 159.6/1000

水的质量＝溶液质量－硫酸铜的质量

由于中间区溶液的浓度在通电前后保持不变，因此，该值为原硫酸铜溶液的浓度，通过计算该值可以得到通电前后阴极区和阳极区硫酸铜溶液中所含的硫酸铜质量。

(2) 通过阳极区溶液的滴定结果，得到通电后阳极区溶液中所含的硫酸铜的质量，并得到阳极区所含的水量，从而求出通电前阳极区溶液中所含的硫酸铜质量，最后得到 $n_{后}$ 和 $n_{前}$。

(3) 由电量计中阴极铜片的增量，算出通入的总电量，即

$$n_{电}=\frac{\Delta m_{Cu}}{63.546}$$

(4) 代入公式得到离子的迁移数。

(5) 计算阴极区离子的迁移数，与阳极区的计算结果进行比较、分析。

阳极区得到：$t_{Cu^{2+}}=$ _____；$t_{SO_4^{2-}}=$ _____

阴极区得到：$t_{Cu^{2+}}=$ _____；$t_{SO_4^{2-}}=$ _____

七、注意事项

(1) 实验中的铜电极必须是纯度为 99.999％ 的电解铜。

(2) 实验过程中凡是能引起溶液扩散、搅动等的因素必须避免。阴、阳电极的位置能对调，迁移管及电极不能有气泡，两极上的电流密度不能太大。

(3) 本实验由铜库仑计的增重计算电量，因此称量及前处理都很重要，需仔细进行。

(4)加入 KI 后,析出 I_2 的速度很快,故应立即滴定。

八、思考题

(1)通过电量计阴极的电流密度为什么不能太大?
(2)若通过电解前后中间区溶液的浓度改变,须重做实验,为什么?
(3)$0.1\ mol \cdot L^{-1}$ KCl 和 $0.1\ mol \cdot L^{-1}$ NaCl 中的 Cl^- 迁移数是否相同?
(4)如以阳极区电解质溶液的浓度计算 $t(Cu^{2+})$,应如何进行?

【补充知识】

1. 硫酸铜溶液的滴定原理

铜的测定一般采用间接碘量法。

在弱酸溶液中,Cu^{2+} 与过量的 KI 作用,生成 CuI 沉淀,同时析出 I_2,反应式如下

$$2Cu^{2+} + 4I^- = 2CuI\downarrow + I_2$$

或

$$2Cu^{2+} + 5I^- = 2CuI\downarrow + I_3^-$$

析出的 I_2 以淀粉为指示剂,用 $Na_2S_2O_3$ 标准溶液滴定,反应式如下

$$I_2 + 2S_2O_3^{2-} = 2I^- + S_4O_6^{2-}$$

Cu^{2+} 与 I^- 之间的反应是可逆的,任何引起 Cu^{2+} 浓度的减小(如形成络合物等)或引起 CuI 溶解度增加的因素均使反应不完全。加入过量 KI,可使 Cu^{2+} 的还原趋于完全,但是,CuI 沉淀强烈吸附 I_3^-,又会使结果偏低。通常的办法是近终点时加入硫氰酸盐,将 CuI($K_{sp} = 1.1 \times 10^{-12}$)转化为溶解度更小的 CuSCN 沉淀($K_{sp} = 4.8 \times 10^{-15}$),把吸附的碘释放出来,使反应更为完全,即

$$CuI + SCN^- = CuSCN\downarrow + I^-$$

NH_4SCN 应在接近终点时加入,否则 SCN^- 会还原大量存在的 I_2,致使结果偏低。溶液的 pH 值一般应控制在 3.0~4.0 之间,酸度过低,Cu^{2+} 易水解,使反应不完全,结果偏低,而且反应速率慢,终点拖长;酸度过高,则 I^- 被空气中的氧氧化为 I_2(Cu^{2+} 催化此反应),使结果偏高。

2. 操作步骤

各瓶中加 10% KI 溶液 10 mL、$1\ mol \cdot L^{-1}$ 的醋酸溶液 10 mL,用 $0.1\ mol \cdot L^{-1}$ 的 $Na_2S_2O_3$ 溶液滴定至浅黄色,再加入 1 mL 淀粉指示剂,滴定至浅蓝色,最后加 6~7 mL NH_4SCN 溶液,继续滴定至蓝色消失。根据滴定时所消耗的 $Na_2S_2O_3$ 的体积计算 Cu 的含量。$Na_2S_2O_3$ 溶液浓度为 $0.1\ mol \cdot L^{-1}$,$CuSO_4$ 溶液浓度约为 $0.05\ mol \cdot L^{-1}$,注意换算关系。

实验十 电导法测定 $BaSO_4$ 的溶度积

实验项目性质:综合性
实验计划学时:3 学时

一、实验目的

(1)熟悉沉淀的生成、陈化、离心分离、洗涤等基本操作。
(2)了解饱和溶液的制备。
(3)了解难溶电解质溶度积测定的一种方法。
(4)复习和巩固电导率仪的使用。

二、预习要求

(1)用电导率表示溶度积的公式。
(2)电导率仪的使用方法。

三、实验原理

难溶电解质的溶解度很小,很难直接测定。但是,只要有溶解作用,溶液中就有电离出来的带电离子,就可以通过测定该溶液的电导或电导率,再根据电导与浓度的关系,计算出难溶电解质的溶解度,从而换算出溶度积。硫酸钡是难溶电解质,在饱和溶液中存在如下平衡

$$BaSO_4(s) \rightleftharpoons Ba^{2+}(aq) + SO_4^{2-}(aq)$$

$$K_{sp(BaSO_4)} = c_{Ba^{2+}} \cdot c_{SO_4^{2-}} = c_{BaSO_4}^2$$

由此可见,只须测定出 $c_{Ba^{2+}}$、$c_{SO_4^{2-}}$、c_{BaSO_4} 其中任何一种即可求出 $K_{sp(BaSO_4)}$。

由于 $BaSO_4$ 的溶解度很小,因此可把饱和溶液看作无限稀释的溶液,离子的活度与浓度近似相等。由于饱和溶液的浓度很低,因此,常采用电导法,通过测定电解质溶液的电导率计算离子浓度。

电导是电阻的倒数,即

$$G = \kappa \frac{A}{l} \qquad (10-1)$$

式中:G 是电导,单位是 S(西门子);A 是截面积;l 是长度;κ 是电导率(S·m^{-1}),当测定两平行电极之间溶液的电导时,面积 $A = 1$ cm²,电极相距 1 cm,溶液浓度

为 $1\ \mathrm{mol \cdot L^{-1}}$ 时,则电解质溶液的电导称为摩尔电导率,用 Λ_m 表示。当溶液浓度无限稀时,正、负离子之间的影响趋于零,摩尔电导率趋于最大值,用 Λ_m^∞ 表示,称为极限摩尔电导率,实验证明当溶液无限稀时,每种电解质的极限摩尔电导率是离解的两种离子的极限摩尔电导率的简单加和。对于 $BaSO_4$ 饱和溶液,极限摩尔电导率为

$$\Lambda_m^\infty(BaSO_4) = \Lambda_m^\infty(Ba^{2+}) + \Lambda_m^\infty(SO_4^{2-})$$

已知,在 25 ℃ 时,$\Lambda_m^\infty(Ba^{2+}) = 127.2 \times 10^{-4}\ \mathrm{S \cdot m^2 \cdot mol^{-1}}$,$\Lambda_m^\infty(SO_4^{2-}) = 16.0 \times 10^{-4}\ \mathrm{S \cdot m^2 \cdot mol^{-1}}$

所以 $\Lambda_m^\infty(BaSO_4) = \Lambda_m^\infty(Ba^{2+}) + \Lambda_m^\infty(SO_4^{2-}) = 287.21 \times 10^{-4}\ \mathrm{S \cdot m^2 \cdot mol^{-1}}$

摩尔电导率 Λ_m 是 $1\ \mathrm{mol \cdot L^{-1}}$ 溶液的电导率 κ($\kappa = \Lambda_m \cdot c$),因此,只要测得电导率 κ,即可求得溶液浓度。$BaSO_4$ 溶液的浓度可表示为

$$c_{BaSO_4} = \frac{\kappa_{(BaSO_4)}}{1000\Lambda_m^\infty{}_{(BaSO_4)}}$$

由于测得 $BaSO_4$ 的电导率包括水的电导率,因此真正的 $BaSO_4$ 电导率为

$$\kappa_{(BaSO_4)} = \kappa_{(BaSO_4溶液)} - \kappa_{(H_2O)}$$

$$K_{sp(BaSO_4)} = \left[\frac{\kappa_{(BaSO_4溶液)} - \kappa_{(H_2O)}}{1000\Lambda_m^\infty(BaSO_4)}\right]^2$$

$\frac{l}{A}$ 是电导池常数或电极常数,由表中查出或者采用标定法得到。

四、仪器与试剂

仪器:DDS-11A 型电导率仪 1 台、恒温槽 1 套、电导池 3 支、电极 1 支、100 mL 容量瓶 5 支、移液管(25 mL、50 mL)各 1 支、洗耳球 1 支、50 mL 烧杯 3 只、100 mL 烧杯 3 只、表面皿 1 支、酒精灯 1 台。

试剂:H_2SO_4 溶液($0.05\ \mathrm{mol \cdot L^{-1}}$)、$BaCl_2$ 溶液($0.05\ \mathrm{mol \cdot L^{-1}}$)、$AgNO_3$ 溶液($0.01\ \mathrm{mol \cdot L^{-1}}$)、$0.01\ \mathrm{mol \cdot L^{-1}}$ 标准 KCl 溶液。

五、实验步骤

1. $BaSO_4$ 沉淀的制备

在两个 50 mL 烧杯中装入 $BaCl_2$ 溶液($0.05\ \mathrm{mol \cdot L^{-1}}$)和 H_2SO_4 溶液($0.05\ \mathrm{mol \cdot L^{-1}}$)各 30 mL,加热 H_2SO_4 溶液近沸,边搅拌边滴加 $BaCl_2$,然后盖上表面皿。加热 5 min,小火保温 10 min,搅拌,取下静置、陈化,倾去上层清液,离心,用热的蒸馏水洗涤沉淀。

2. $BaSO_4$ 饱和溶液制备

在纯 $BaSO_4$ 中加少量水,转移沉淀,加蒸馏水 60 ml,均匀搅拌,加热煮沸 5 min,稍冷后,置于冷水浴中 5 min,换一冷水浴,冷却至室温,取上层清液,做待测液备用。

3. 电导率的测定

(1)用 0.01 mol·L^{-1} 标准 KCl 溶液校正电导池常数。

(2)取 40 mL 纯水,测定其电导率 κ_{H_2O},测定时操作要迅速。

(3)将步骤 2 中制得的 $BaSO_4$ 饱和溶液用 DDS-11A 型电导率仪测得 $\kappa_{(BaSO_4溶液)}$,实验完毕后将电极浸在蒸馏水中。

六、数据处理

(1)将测得的电导率记录于表 10-1 中,并计算电导池常数 K_{cell}。

表 10-1　电导池常数

大气压=_____Pa　室温=_____℃　实验温度=_____℃
25 ℃(或 30 ℃)时,0.01 mol·L^{-1} KCl 溶液电导率=_____$\mu s·cm^{-1}$

实验次数	$\kappa/(\mu s·cm^{-1})$	$\bar{\kappa}/(\mu s·cm^{-1})$	K_{cell}/m^{-1}
1			
2			
3			

(2)将测得的 $BaSO_4$ 饱和溶液电导率数据填入表 10-2 中。

表 10-2　$BaSO_4$ 饱和溶液电导率数据记录表

室温/℃	$\kappa_{(BaSO_4溶液)}/(\mu s·cm^{-1})$	$\kappa_{(H_2O)}/(\mu s·cm^{-1})$

(3)计算 $BaSO_4$ 的溶度积,采用如下公式

$$K_{sp(BaSO_4)} = \left[\frac{\kappa_{(BaSO_4溶液)} - \kappa_{(H_2O)}}{1000\Lambda_m^\infty(BaSO_4)}\right]^2$$

(4)计算实验的相对误差。

七、注意事项

(1)实验中温度要恒定,测量必须在同一温度下进行。恒温槽的温度要控制在

(25.0±0.1)℃或(30.0±0.1)℃。

(2)每次测定前,都必须将电极及电导池洗涤干净,以免影响测定结果。

八、思考题

(1)制备 $BaSO_4$ 时,为什么要洗至无 Cl^-?

(2)制备 $BaSO_4$ 饱和溶液时,溶液底部一定要有沉淀吗?

(3)在测定 $BaSO_4$ 的电导时,水的电导为什么不能忽略?

(4)什么是极限摩尔电导率,什么情况下 $\Lambda^\infty = \Lambda^\infty_{正离子} + \Lambda^\infty_{负离子}$?

(5)在什么条件下可用电导率计算溶液浓度?

(6)讨论产生误差的原因。

动力学实验

实验十一　旋光法测定蔗糖转化反应的速率常数

实验项目性质:验证性
实验计划学时:3 学时

一、实验目的

(1)了解旋光仪的基本原理及使用方法。
(2)测定蔗糖转化反应的速率常数、活化能和半衰期。

二、预习要求

(1)掌握一级反应的速率方程。
(2)了解旋光度的概念及其与浓度的关系。

三、实验原理

蔗糖水溶液在酸性溶液中发生如下水解反应

$$C_{12}H_{22}O_{11} + H_2O \rightarrow C_6H_{12}O_6 + C_6H_{12}O_6$$

　　蔗糖　　　　　　葡萄糖　　果糖

该反应为二级反应,在纯水中反应速率极慢,通常需要在 H^+ 催化情况下进行。此反应的反应速率与蔗糖、水及催化剂 H^+ 的浓度有关。但由于在反应过程中,水是大量存在的,尽管有部分的水参加了反应,但水的浓度仍可近似地认为是恒定的,而且 H^+ 是催化剂,其浓度也保持不变,因此蔗糖水解反应可看作是一级反应,其速率方程可写为

$$-\frac{dc}{dt} = kc$$

积分后得

$$\ln c = -kt + \ln c_0 \tag{11-1}$$

式中：c_0 为蔗糖的初浓度；c 为反应进行到 t 时刻蔗糖的浓度；k 为反应速率常数。

当 $c=0.5c_0$ 时，反应物浓度降低一半所用的时间（反应的半衰期）$t_{1/2}$ 为

$$t_{1/2}=\frac{\ln2}{k}=\frac{0.693}{k} \tag{11-2}$$

由式(11-2)可知，以 $\ln c$ 与 t 作图为一直线，根据直线的斜率可求得速率常数 k。然而，蔗糖水解反应是在不断进行的，要快速、实时、直接地测定反应物的浓度非常困难。但与反应物和产物浓度有定量关系的某些物理量（如物质的旋光度）能实时、快速地测定，因此可通过物理量的测定代替浓度的测量。本反应中反应物及产物均具有旋光性，且旋光能力不同，右旋蔗糖、葡萄糖和左旋果糖的比旋光度 α 分别为 $66.6°$、$52.5°$ 和 $-91.9°$。这里的 α 表示在 20 ℃时用钠黄光作光源测得的旋光度。

由于蔗糖水解能进行到底，又由于生成物中果糖的左旋远大于葡萄糖的右旋，所以生成物呈左旋光性。随着反应的进行，系统的右旋角将不断减小，反应至某一瞬间，体系的旋光度恰好为零，而后左旋角不断增大。当蔗糖水解完全时，左旋角达到极值 α_∞，故可用系统反应过程中旋光度的变化量度反应的进程。

测量物质旋光度的仪器称为旋光仪。旋光度与溶液中所含旋光物质的旋光能力、溶剂性质、溶液的浓度及样品管长度、光源的波长以及温度等均有关系。当溶剂、浓度、温度、光源波长等其他条件固定时，旋光度与反应物浓度呈线性关系，为

$$\alpha=\beta c$$

式中：比例常数 β 与物质的旋光能力、溶剂性质、溶液的浓度及样品管长度、温度等均有关。

设系统最初的旋光度为 α_0，最后的旋光度为 α_∞，则

$$\alpha_0=\beta_{反}c_0 \quad (t=0, 蔗糖尚未转化) \tag{11-3}$$

$$\alpha_\infty=\beta_{产}c_0 \quad (t=\infty, 蔗糖全部转化) \tag{11-4}$$

式中：$\beta_{反}$、$\beta_{产}$ 分别为反应物、产物的比例常数；c_0 为反应物的初始浓度，即产物的最后浓度。当时间为 t 时，蔗糖的浓度为 c，旋光度为 α_t，则

$$\alpha_t=\beta_{反}c+\beta_{产}(c_0-c) \tag{11-5}$$

由式(11-3)~式(11-5)，得

$$c_0=\frac{\alpha_0-\alpha_\infty}{\beta_{反}-\beta_{产}}=\beta'(\alpha_0-\alpha_\infty)$$

$$c=\frac{\alpha_t-\alpha_\infty}{\beta_{反}-\beta_{产}}=\beta'(\alpha_t-\alpha_\infty)$$

将上述关系式代入式(11-1)得

$$\ln(\alpha_t-\alpha_\infty)=-kt+\ln(\alpha_0-\alpha_\infty) \tag{11-6}$$

式中：$(\alpha_0-\alpha_\infty)$ 为常数。

以 $\ln(\alpha_t - \alpha_\infty)$ 对 t 作图,所得直线的负斜率即为速率常数 k。根据式(11-2),可求反应的半衰期。

四、仪器与试剂

仪器:旋光仪 1 台、秒表 1 块、50 mL 容量瓶 1 个、锥形瓶若干、烧杯若干、移液管若干、天平或台秤 1 台、恒温槽 1 个。

试剂:蔗糖(AR)、4 mol·L^{-1} HCl 溶液。

五、实验步骤

(1) 了解旋光仪构造原理及使用方法,见附录中仪器六。

(2) 将仪器电源插头插入 220 V 交流电源,向上打开电源开关(右侧面),仪器预热(冬季 20 min,夏季 10 min),再向上打开直流电源开关使钠光灯在直流电下启动。仪器启动成功后,洗净旋光管,盛满蒸馏水,盖好玻璃盖(不得有气泡),旋上螺丝(松紧适度,以不漏水为宜,注意不要将玻盖挤碎),将旋光管置于旋光仪中,点击"测量"旋钮,待示数稳定后点击"清零"按钮。

注意:在该清零操作完成后,不要点击旋光仪上的任何按钮。

(3) 用台秤粗称蔗糖 5 g,倒入 100 mL 锥形瓶中,加入蒸馏水 25 mL,摇荡促其溶解后,若有混浊需过滤。再用量筒量取 25 mL、4 mol·L^{-1} 的 HCl 迅速注入蔗糖溶液中,至注入二分之一时开始计时,倒完后迅速摇动,取出少许溶液迅速淋洗旋光管 2~3 次后,装好溶液,擦净旋光管并放入旋光仪中,旋光仪即开始自动测量 α_t,开始 15 min 每 1 min 测 1 次,以后 20 min 每 2 min 测定 1 次,再过 20 min 每 5 min 测定一次,最后 20 min 每 10 min 测定 1 次。

(4) 测定完毕后将旋光管中溶液倒回原锥形瓶中(帖上标签、写上名字),待下组实验时再测其旋光度,即为 α_∞。

(5) 实验完毕洗净旋光管,擦干放回旋光仪中。

(6) 该实验仅测量室温下的反应速率常数 k 和半衰期。

六、数据记录及处理

将实验数据记录于表 11-1 中。

表 11-1　实验数据记录表

室温＝_____ ℃　大气压＝_____ Pa　$c(HCl)=$_____　$\alpha_\infty=$_____

t/min	$\alpha_t/(°)$	$(\alpha_t-\alpha_\infty)/(°)$	$\ln(\alpha_t-\alpha_\infty)/(°)$

以 $\ln(\alpha_t-\alpha_\infty)$ 对 t 作图，由直线斜率计算速率常数 k。

HCl 浓度对蔗糖水解速率常数的影响如表 11-2 所示。

表 11-2　HCl 浓度对蔗糖水解速率常数的影响(蔗糖溶液浓度均为 10%)

$c(HCl)/$ $(mol·L^{-1})$	$k(298\ K)/$ $(10^{-3}\ min^{-1})$	$k(308\ K)/$ $(10^{-3}\ min^{-1})$	$k(318\ K)/$ $(10^{-3}\ min^{-1})$
0.0502	0.4169	1.738	6.213
0.2512	2.255	9.355	35.86
0.4137	4.043	17.00	60.62
0.9000	11.16	46.76	148.8
1.214	17.46		

七、注意事项

(1) 装样时勿使溶液外漏，若外漏应擦干样品管，以免腐蚀旋光仪。

(2) 为了尽量减小温度对旋光度的影响，每 2 min 或超过 2 min 测定 1 次时，应在测量完毕后关机，下次测量前提前半分钟开机预热。自动旋光仪的使用参见使用说明书。

(3) 记录实验开始和结束的温度及气压。

(4) 正确且快速地测读旋光仪的数值。

八、思考题

(1) 蔗糖水解速率与哪些因素有关？速率常数与哪些因素有关？蔗糖转化反应为什么称为假一级反应？

(2)分析本实验产生误差的主要原因,并提出减少误差的实验方案。

(3)在测量蔗糖转化速率常数时,选用长的旋光管好,还是短的好?

(4)在旋光度的测量中为什么要对零点进行校正?在本实验中,若不进行校正,对结果是否有影响?

(5)温度对旋光度有无影响?对测定反应速率常数有无影响?实验中该如何减小这种影响所带来的误差?

实验十二　丙酮碘化反应速率常数的测定

实验项目性质：基础性
实验计划学时：3 学时

一、实验目的

(1) 掌握用孤立法确定反应级数的方法。
(2) 测定酸催化作用下丙酮碘化反应的速率常数。
(3) 掌握分光光度计的基本原理及使用方法。
(4) 通过本实验加深对复杂反应特征的理解。

二、预习要求

(1) 会熟练使用 T6 型分光光度计。
(2) 了解丙酮碘化反应的反应原理以及朗伯-比尔定律。
(3) 掌握简单级数反应的微分方程和积分方程。

三、实验原理

丙酮碘化反应方程为

$$CH_3COCH_3 + I_2 \xrightarrow{H^+} CH_3COCH_2I + H^+ + I^-$$

H^+ 是反应的催化剂，由于丙酮碘化反应本身生成 H^+，所以这是一个自动催化反应。实验证明丙酮碘化反应是一个复杂反应，一般认为可分成两步进行，即

$$CH_3COCH_3 + H^+ \longrightarrow CH_3COH = CH_2 \tag{1}$$

$$CH_3COH = CH_2 + I_2 \longrightarrow CH_3COCH_2I + H^+ + I^- \tag{2}$$

反应(1)是丙酮的烯醇化反应，反应可逆且进行得很慢。反应(2)是烯醇的碘化反应，反应快速且能进行到底。因此，丙酮碘化反应的总速率可认为是由反应(1)所决定的，其反应的速率方程可表示为

$$-\frac{dc_{I_2}}{dt} = kc_A c_{H^+} \tag{12-1}$$

式中：c_{I_2}、c_A、c_{H^+} 分别是碘、丙酮、酸的浓度；k 为总反应速率常数。如果反应物碘是少量的，而丙酮和酸对碘是过量的，则可认为反应过程中丙酮和酸的浓度基本保持不变。实验证实：在酸的浓度不太大的情况下，丙酮碘化反应对碘是零级反应，

对式(12-1)积分得

$$-c_{I_2} = kc_A c_{H^+} t + B \quad (12-2)$$

式中：B 是积分常数。由 c_{I_2} 对时间 t 作图，可求得反应速率常数 k 值。

因碘溶液在可见光区有一个很宽的吸收带，而在此吸收带中盐酸、丙酮、碘化丙酮和碘化钾溶液没有明显的吸收，所以可采用分光光度法直接测量碘浓度随时间的变化关系。根据朗伯-比尔定律可知

$$A = \varepsilon l c_{I_2} \quad (12-3)$$

将式(12-3)代入式(12-2)得

$$A = -k\varepsilon l c_A c_{H^+} t - B' \quad (12-4)$$

在式(12-4)中 εl 可通过测定一已知碘浓度的溶液的吸光度 A，代入式(12-3)而求得。当 c_A、c_{H^+} 浓度已知时，只要测出不同时刻反应物的吸光度 A，作 $A-t$ 图得一直线，由直线的斜率便可求得反应的速率常数 k。

由两个以上温度下的速率常数就可以根据阿伦尼乌斯公式估算反应的活化能 E_a 的值为

$$\lg \frac{k_2}{k_1} = \frac{E_a}{R}\left(\frac{1}{T_1} - \frac{1}{T_2}\right) \quad (12-5)$$

四、仪器与试剂

仪器：T6 型分光光度计、超级恒温水浴、比色皿(50 mL 一支、25 mL 两支)、滴管 1 支、500 mL 烧杯 1 个、移液管(5 mL 两支、10 mL 一支)。

试剂：丙酮溶液(2.00 mol·L^{-1})、盐酸溶液(2.00 mol·L^{-1})、碘溶液(0.0200 mol·L^{-1})。(测量 εl 值用)

五、实验步骤

(1) 首先正确开启计算机。

(2) 计算机启动成功后，打开 T6 紫外-可见分光光度计电源开关(本实验为全计算机操作，除仪器电源开关外，仪器其他任何按钮均不使用)，仪器液晶屏幕将显示"运行 PC 软件联机？"字样。如若显示其他信息，请参照仪器使用说明进行处理，禁止随意触动仪器按钮。

(3) 点击计算机桌面图标"▨"开始自检。待启动成功后，首先关闭氘灯。具体操作：选择"测量"菜单下的"仪器性能"子菜单，系统将会弹出仪器性能设置窗口，如图 12-1 所示。

图 12-1 仪器性能设置窗口

设置氘灯和钨灯的开关,按钮为红色时是开,灰色时是关。点击红色"氘灯"开关后,再点击"执行"按钮完成设置。

(4)在一支比色皿中注入蒸馏水,以蒸馏水调节吸光度零点。将比色皿放入仪器样品槽(整个实验均使用靠近仪器下方的一号样品槽,其他槽位不用),点击"校零",校零完成。在后续实验中不再重复此步骤。

(5)反应溶液的配制:该操作步骤要求尽可能迅速地完成。

配制方式一,移取 8 mL 碘溶液(0.02 mol·L^{-1}或 0.05 mol·L^{-1})和 5 mL 盐酸溶液(2 mol·L^{-1})于 25 mL 容量瓶中,再移取 10 mL 丙酮溶液(2 mol·L^{-1})放入该容量瓶中定容。

配制方式二,移取 5 mL 碘溶液(0.02 mol·L^{-1})和 5 mL 盐酸溶液(2 mol·L^{-1})于 25 mL 容量瓶中,再移取 5 mL 丙酮溶液(2 mol·L^{-1})放入该容量瓶中定容(建议采用此配制方式)。

(6)将反应液迅速倾入比色皿中(加入量约比色皿容积的 4/5),放入分光光度计(比色皿光面应置于仪器光路上)一号样品槽中合上盖板,激活"时间扫描"窗口并点击"开始"按钮进行吸光度值扫描。该状态下,计算机鼠标在窗口各部位始终显示为"沙漏"状,如需停止实验则点击"停止"按钮。扫描完成后,系统将提示保存数据。

保存数据后需要将数据进行导出,否则无法进行数据的后处理。首先选择"文件"菜单下的"导出数据"子菜单,选择存放路径后再进行数据的导出,导出格式有 word、excel、txt 等多种形式。

(7)测 εl 值:在其中一支比色皿中注入 0.005 mol·L^{-1}的碘溶液(由 0.02 或 0.05 mol·L^{-1}碘溶液稀释得到)测吸光度,平行测量三次。测量时仅将溶液倾入比色皿,置于仪器中,仪器显示 0.000 Abs 即为吸光度,记录后取出比色皿,弃去溶液,再次重复前述步骤,测定三次取平均值即可完成。

(8)实验完毕后,首先直接关闭仪器软件,再点击→"开始"→"关闭计算机(U)"→"关闭(U)"关闭计算机,最后关闭 T6 紫外-可见分光光度计电源开关即可。

该实验仅测量室温下的反应速率常数 k,不对活化能进行求算。

实验完毕,必须将玻璃比色皿从仪器中取出,以免对仪器造成腐蚀。

六、数据记录与处理

(1)将 25 ℃时,0.005 mol·L^{-1} 碘液记录结果填入表 12-1 中。

表 12-1 碘液记录结果(每 1 min 读一次)

A_1	A_2	A_3	A(平均)	ϵl

将 $T=25$ ℃时,丙酮碘化反应过程中的数据记录结果填入表 12-2 中。

表 12-2 丙酮碘化反应过程中的数据记录结果

t/min	T/%	t/min	T/%	t/min	T/%	t/min	T/%	t/min	T/%

(2)根据实验数据,作图。

实验关键

(1)碘液见光分解,所以从溶液配制到测量应尽量迅速。

(2)因只测定反应开始一段时间的透光率,故反应液混合后应迅速进行测定。

(3)计算 k 时要用到丙酮和盐酸溶液的初始浓度,因此实验中所用的丙酮及盐酸溶液的浓度一定要配准。

(4)由于反应速率与温度密切相关,不但实验过程反应液要预先恒温,而且丙酮碘化反应过程也要保证恒温,以防止由于恒温时间不足造成反应速率常数比真实值偏低。

七、思考题

(1)本实验中,丙酮碘化反应按几级反应处理,为什么?

(2) 在本实验中,将丙酮溶液加入含有碘、盐酸的容量瓶时并不立即开始计时,而注入比色皿时才开始计时,这样做是否可以？为什么？

(3) 影响本实验结果的主要因素有哪些？

(4) 丙酮碘化的速率常数与温度有关,实验中应注意哪个操作环节？

(5) 使用分光光度计要注意哪些问题？

八、扩展实验

(1) 设计实验测定丙酮碘化反应的活化能。

[提示] 根据阿伦尼乌斯公式估算反应的活化能值,参考乙酸乙酯皂化反应实验。

(2) 设计实验探讨不同离子强度对丙酮碘化反应的反应速率常数、活化能、指前因子、摩尔活化焓变和摩尔活化熵变的影响。

[提示] 请参考文献:凌锦龙,张建梅. 盐效应对丙酮碘化反应动力学参数的影响[J]. 化学研究与应用,2006,18(7):844-848.

实验十三　电导法测定乙酸乙酯皂化反应的速率常数

实验项目性质:验证性
实验计划学时:6 学时

一、实验目的

(1)用电导法测定乙酸乙酯皂化反应速率常数。
(2)了解二级反应的特点,学会用图解法求二级反应速率常数。
(3)通过测量不同温度下的速率常数,培养学生解决实际问题的能力和使用计算机软件来处理问题的能力。

二、预习要求

(1)了解速率常数随温度的变化关系以及二级反应的特点。
(2)掌握活化能的概念及计算方法。
(3)正确使用电导率仪。

三、实验原理

乙酸乙酯皂化反应是一个典型的二级反应,其反应方程为

$$CH_3COOC_2H_5 + OH^- \longrightarrow CH_3COO^- + C_2H_5OH$$

该反应的速率方程可表示为

$$\frac{dx}{dt} = k(a-x)(b-x) \tag{13-1}$$

式中:k 为反应速率常数;a 和 b 分别为乙酸乙酯和碱的初始浓度;x 和 c 分别为乙酸乙酯皂化反应在 $t=t$ 和 $t=\infty$ 时的浓度。

当 $a=b=c$ 时,式(13-1)积分可得

$$kt = \frac{x}{c(c-x)} \tag{13-2}$$

显然,只要测出反应进程中 t 时的 x 值,再将 c 代入上式,就可得到反应速率常数 k。

由于反应物是稀的水溶液,故可假定 CH_3COONa 全部电离。溶液中参与导

电的离子有 Na^+、OH^-、CH_3COO^- 等。Na^+ 在反应前后浓度不变，OH^- 的导电能力比 CH_3COO^- 强得多，因此反应过程中体系的电导率主要随 OH^- 浓度的降低而下降。为此，本实验采用电导法跟踪测定体系浓度 x。在一定浓度范围内，可以认为体系电导值的减少量与 CH_3COONa 的浓度 x 的增加量成正比，即

$$t=t \text{ 时}, x=\beta(G_0-G_t) \tag{13-3}$$

$$t=\infty \text{ 时}, c=\beta(G_t-G_\infty) \tag{13-4}$$

式中：G_0、G_t、G_∞ 分别表示反应起始时、反应时间 t 时、反应终了时的电导值；β 为比例常数。将式(13-3)和式(13-4)代入式(13-2)中，得

$$kt=\frac{x}{c(c-x)}=\frac{G_0-G_t}{c(G_t-G_\infty)} \tag{13-5}$$

或者

$$\frac{G_0-G_t}{(G_t-G_\infty)}=ckt \tag{13-6}$$

当使用同一个电导池时，K_{cell} 值不变，根据关系式 $\kappa=G \cdot K_{cell}$，电导率与电导成正比，代入上式得

$$\frac{\kappa_0-\kappa_t}{\kappa_t-\kappa_\infty}=ckt \tag{13-7}$$

由上式可看出，利用 $\frac{\kappa_0-\kappa_t}{\kappa_t-\kappa_\infty}$ 对 t 作图，应得一直线，其斜率为 $\frac{1}{ck}$，由此可求出反应的速率常数 k。

在温度变化不大的范围内，测定不同温度下的反应速率常数，利用阿伦尼乌斯公式，可以求乙酸乙酯反应的活化能，即

$$\ln\frac{k_2}{k_1}=\frac{E_a}{R}\left(\frac{1}{T_1}-\frac{1}{T_2}\right) \tag{13-8}$$

四、仪器和试剂

仪器：DDS-11A 型电导率仪 1 台、恒温槽电极 1 套、移液管若干、250 mL 容量瓶 1 个、100 mL 锥形瓶 2 个、烧杯 1 个。

试剂：NaOH 标准溶液（$0.01 \text{ mol} \cdot L^{-1}$，$0.02 \text{ mol} \cdot L^{-1}$ 新鲜并标定）、乙酸乙酯（AR，$0.02 \text{ mol} \cdot L^{-1}$）和乙酸钠（$0.01 \text{ mol} \cdot L^{-1}$）。

五、实验步骤

(1) 调节恒温水浴的温度至 25 ℃，并将电导率仪接通电源预热。

(2) κ_0、κ_∞ 的测定：用两个单口电导池分别盛入 $0.01 \text{ mol} \cdot L^{-1}$ 的氢氧化钠溶

液 35 mL(用以测定 κ_0)和 0.01 mol·L^{-1} 的醋酸钠溶液 35 mL(用以测定 κ_∞),恒温 10 min 后测其溶液的电导值,每 2 min 读一次数,读三次。

(3) κ_t 的测定:双口电导池 A 支管内准确盛入 25 mL 0.02 mol·L^{-1} 的氢氧化钠溶液,B 支管内准确盛入 25 mL 0.02 mol·L^{-1} 的乙酸乙酯溶液,与测 κ_0、κ_∞ 的溶液同时放入水浴中恒温 10 min,并记下此时温度。

用洗耳球将 B 管溶液压入 A 管,压入一半时开始计时,反复压几次使溶液混合均匀,混合后要立即用橡皮塞塞住瓶口,并观察液面是否淹没电极,并立即开始测其电导值。每 2 min 读一次数,直到电导值变化不大为止。

(4)测定完 κ_0、κ_∞ 的溶液不要弃去,待测定 κ_t 后再测量一次,以验证及供另一温度下测定之用。用同样方法测定另一温度下的 κ_0、κ_∞、κ_t。

(5)实验完成后,将电极用电导水淋洗干净,并浸入盛电导水的烧杯中保存。

六、数据记录与处理

将实验数据记录于表 13-1、表 13-2 中。

表 13-1 25 ℃时的实验数据

室温=_____℃ 大气压=_____Pa κ_0(25 ℃)=_____ S·m^{-1}

κ_∞(25 ℃)=_____ S·m^{-1}

t/min	κ_t/(S·m^{-1})	$(\kappa_0-\kappa_t)$/(S·m^{-1})	$(\kappa_0-\kappa_t)/(\kappa_t-\kappa_\infty)$

表 13-2 35 ℃时的实验数据

κ_0(35 ℃)=_____ S·m^{-1} κ_∞(35 ℃)=_____ S·m^{-1}

t/min	κ_t/(S·m^{-1})	$(\kappa_0-\kappa_t)$/(S·m^{-1})	$(\kappa_0-\kappa_t)/(\kappa_t-\kappa_\infty)$

以 $(\kappa_0-\kappa_t)/(\kappa_t-\kappa_\infty)$ 对 t 作图,由所得直线斜率求出 25 ℃和 35 ℃时乙酸乙酯

皂化反应的速率常数 k。

根据阿伦尼乌斯公式计算可求得反应活化能为

$$\ln \frac{k_2}{k_1} = \frac{E_a}{R} \left(\frac{T_2 - T_1}{T_1 \cdot T_2} \right)$$

七、注意事项

(1) 动力学速率常数与温度有关，反应液加入反应器应恒温 3～5 min，不可立即测量。

(2) 电导率仪的使用方法：每次更换溶液时要先用蒸馏水淋洗电极，再用待测液仔细淋洗电极，然后进行测量。不可用纸擦拭铂黑电极。

(3) 在实验中最好用煮沸且置于密闭容器中的重蒸馏水，同时在配好的 NaOH 溶液上装配碱石灰吸收管，以防止溶入空气中 CO_2。

(4) 用洗耳球压送 B 管中液体流入 A 管时，不要用力过猛，以防 A 管中液体冲出。

(5) 乙酸乙酯溶液和 NaOH 溶液浓度必须相同。

(6) 乙酸乙酯溶液需临时配制，配制时动作要迅速，以减少挥发损失。

乙酸乙酯溶液须使用时临时配制，因为该稀溶液会缓慢水解 $CH_3COOC_2H_5 + H_2O \longrightarrow CH_3COOH + C_2H_5OH$，影响乙酸乙酯的浓度，且水解产物 CH_3COOH 又会部分消耗 NaOH。在配制溶液时，因乙酸乙酯易挥发，称量时可预先在称量瓶中放入少量已煮沸过的蒸馏水，且动作要迅速。

八、思考题

(1) 如何由实验结果验证乙酸乙酯皂化反应为二级反应？

(2) 为什么要使两种反应物的浓度相等？测 κ_t 用的反应溶液是什么？

(3) 若 $CH_3COOC_2H_5$ 与 NaOH 溶液均为浓溶液，能否用此方法求反应速率常数 k？为什么？

九、实验延伸

(1) 利用该实验的方法可以测量各种溶液的电导率及检验水的纯度等。

(2) 设计实验利用电导法标定本实验所用的 NaOH 溶液的浓度。（提示：电导滴定法）

实验十四 BZ 振荡反应实验

实验项目性质:基础性
实验计划学时:3 学时

一、实验目的

(1)理解 Belousov–Zhabotinski 振荡反应(简称 BZ 振荡反应)的机理。
(2)观察化学振荡现象。
(3)通过测定电位-时间曲线求得振荡反应的表观活化能。

二、预习要求

(1)了解 BZ 振荡反应的机理。
(2)能熟练使用 Origin 软件处理实验数据。

三、实验原理

1. BZ 振荡反应

化学振荡是指反应系统中的某些量(如某组分的浓度)随时间做周期性的变化。BZ 振荡实验是由别洛索夫(Belousov)和扎搏京斯基(Zhabotinski)发现和发展起来的,是指在酸性介质中,有机物在有金属离子催化的条件下被溴酸盐氧化,某些组分的浓度发生周期性的变化。

大量实验研究表明,化学振荡反应的发生必须满足三个条件:①必须是远离平衡态体系;②反应历程中含有自催化步骤;③体系必须具有双稳态性,即可在稳态间来回振荡。

2. FKN 机理

菲尔德(Field)、科罗什(Koros)、诺伊斯(Noyes)三位科学家对 BZ 振荡反应实验进行了解释,称为 FKN 机理。

下面以 $BrO_3^- - Ce^{4+} - CH_2(COOH)_2 - H_2SO_4$ 体系为例说明。在该体系中发生的总反应的简化过程如下:

A: $BrO_3^- + 2Br^- + 3CH_2(COOH)_2 \longrightarrow 3BrCH(COOH)_2 + 3H_2O$

B: $4Ce^{3+} + BrO_3^- + 5H^+ \longrightarrow HOBr + 2H_2O + 4Ce^{4+}$

C: $4Ce^{4+} + BrCH(COOH)_2 + HOBr + H_2O \rightarrow 2Br^- + 4Ce^{3+} + 3CO_2 + 6H^+$

简单地说,A 过程使 Br 浓度降低,C 过程使 Br 浓度升高,亚溴酸的生成与消失,即自催化现象集中在过程 B,宏观上看到的是 Ce^{4+} 与 Ce^{3+} 的变化,即黄色→无色→黄色→无色……的周期性变化。

3. 实验方法

本实验采用电化学方法,即在不同的温度下通过测定因$[Ce^{3+}]$和$[Ce^{4+}]$之比产生的电势随时间变化的曲线,分别从曲线中得到诱导时间(t_u)和振荡周期(t_z)。改变体系温度,可以发现,$\ln(1/t_u)$、$\ln(1/t_z)$均与温度呈线性关系,即

$$\ln(1/t_u) = -E_u/RT + C_1$$
$$\ln(1/t_z) = -E_z/RT + C_2$$

式中:C_1、C_2为常数;E_u 和 E_z 分别为诱导期和振荡期的表观活化能,单位为 $kJ \cdot mol^{-1}$。

分别作 $\ln(1/t_u)$-$1/T$ 和 $\ln(1/t_z)$-$1/T$ 图,最后从图中的曲线斜率分别求得表观活化能(E_u 和 E_z)。

四、仪器与试剂

仪器:ZD-BZ 振荡仪器 1 台、超级恒温槽 1 台、217 型甘汞电极 1 个、铂电极 1 个、移液管若干。

试剂:0.005 mol/L^{-1} 硫酸铈铵、0.5 mol/L^{-1} 丙二酸、0.2 mol/L^{-1} 溴酸钾、0.8 mol/L^{-1} 硫酸。

五、实验步骤

(1)准备电极。配制 1 $mol \cdot L^{-1}$ 的硫酸溶液,装入饱和甘汞电极中。

(2)分别用蒸馏水配制 0.005 $mol \cdot L^{-1}$ 硫酸铈铵(必须在 0.2 $mol \cdot L^{-1}$ H_2SO_4 中配制)、3 $mol \cdot L^{-1}$ H_2SO_4、0.4 $mol \cdot L^{-1}$ 丙二酸、0.2 $mol \cdot L^{-1}$ $KBrO_3$ 各 100 mL。

(3)连接实验仪器,打开仪器电源预热,同时开启恒温槽的电源,并调节温度为 30 ℃,打开恒温槽的循环水开关。

(4)移取配好的硫酸铈铵、硫酸和丙二酸溶液各 10 mL 于已洗干净的电解杯中,同时移取 10 mL 溴酸钾在恒温槽中恒温。调节电磁搅拌的旋钮,使转子以合适的速度转动,并将电势选为 2 V 档。将短接线插入正负电极,按"清零"键,消除系统误差。分别将饱和甘汞电极和铂电极插入电解池,并将甘汞电极另一端接负极,铂电极一端接正极。

(5)打开桌面上的BZ振荡实验系统,点击运行按钮。当示数基本不发生变化时,加入恒温的溴酸钾溶液,观察曲线变化。记录3~4个完整周期即可停止实验。

(6)改变恒温槽温度,重复上述步骤。

六、数据记录

(1)分别记录各个温度下的电势并作 E-t 图,求出各个温度下的诱导时间 t_u 与振荡周期 t_z,并填入表14-1中。

表14-1 数据记录表

温度/℃	$1/T$	t_u	$\ln(1/t_u)$	t_z	$\ln(1/t_z)$
30					
35					
40					
45					

(2)分别作 $\ln(1/t_u)$-$1/T$ 和 $\ln(1/t_z)$-$1/T$ 图,根据图中的直线斜率求出诱导活化能 E_u 和振荡活化能 E_z。

七、注意事项

(1)实验中溴酸钾纯度要求高。

(2)反应容器一定要洁净;转子位置及速度都必须控制,不能碰到电极;电极要插入液面下。

(3)反应溶液需预热。

(4)配制 0.005 mol·L^{-1} 硫酸铈铵溶液时,一定要在 0.2 mol·L^{-1} 硫酸介质中配制,防止发生水解呈混浊状态。溴酸钾溶解度小,需用热水浴加热溶解。

八、思考题

(1)产生化学振荡需要什么条件?

(2)影响诱导期的主要因素有哪些?

(3)本实验的电势主要代表什么意思,与能斯特方程求得的电位有什么不同?

九、阅读材料

(一)阅读材料

(1)下载阅读下面文献,并将题目及摘要翻译成中文。

FIELD R J, NOYES R M. Oscillations in chemical systems IV. Limit cycle behavior in a model of a real chemical reaction[J]. Journal of Chemical Physics, 1974, 60(5): 1877-1884.

(2)在中国期刊网下载阅读下列文献。

[1]高锦章,刘秀辉,杨武,等. 反应物、催化剂以及温度对封闭体系BZ振荡反应的影响[J]. 甘肃科学学报, 2003, 15(2): 20-27.

[2]李蒙蒙,常玉. BZ振荡反应体系的复杂动力学行为[J]. 北京化工大学学报(自然科学版), 2012, 39(1): 116-121.

[3]杨华. 化学振荡反应在分析检测中的应用[D]. 西安: 西北师范大学, 2002.

(3)阅读课本中BZ振荡反应的相关内容。

BZ振荡反应是具有非线性动力学微分速率方程,在开放体系中进行的远离平衡的一类反应。体系与外界环境交换物质和能量的同时,通过采用适当的有序结构状态耗散环境传来的物质和能量。这类反应与通常的化学反应不同,它并非总是趋向于平衡态的。化学振荡是一类机理非常复杂的化学过程,Field、Koros、Noyes三位科学家经过四年的努力,于1972年提出俄勒冈(FKN)模型,用来解释并描述BZ振荡反应的很多性质。该模型包括20个基元反应步骤,其中三个有关的变量通过三个非线性微分方程组成的方程组联系起来,该模型如此复杂以至21世纪的数学尚不能一般地解出这类问题,只能引入各种近似方法。

(二) 实验延伸

1. 研究型

化学振荡是物理化学的一个重要的研究领域。一方面,由于经典化学动力学和热力学不能解释化学振荡产生的原因,因此通过化学振荡反应的研究有助于丰富和发展物理化学的基本原理;另一方面,生命体内存在大量周期性现象,研究化学振荡有助于了解生命体内周期性现象的化学本质,阐述生命运动的规律。

2. 其他方法

测定、研究BZ化学振荡反应可采用离子选择性电极法、分光光度法和电化学等方法。

胶体化学与表面化学实验

实验十五　溶液表面张力的测定

实验项目性质:基础性
实验计划学时:3 学时

一、实验目的

(1)用最大泡压法测定乙醇水溶液的表面张力。
(2)测定不同浓度下乙醇水溶液的表面张力,学会用图解法计算溶液的表面吸附量和乙醇分子的横截面积。
(3)培养学生使用计算机软件 Origin 处理实验数据的能力。

二、预习要求

(1)理解最大泡压法测定表面张力的基本原理。
(2)熟悉计算机软件 Origin 的基本功能。
(3)熟悉 BMZL-01 型表面张力测定仪的使用方法。

三、实验原理

恒温恒压下的纯溶剂的表面张力为一定值,若在纯溶剂中加入能降低其表面张力的溶质时,则表面层中溶质的浓度比本体溶液中溶质的浓度高;若加入能增大其表面张力的溶质时,则溶质在表面层中的浓度比本体溶液中溶质的浓度低。这种表面浓度与本体溶液浓度不同的现象称为表面吸附。

吉布斯以热力学方法导出了溶液浓度、表面张力和吸附量之间的关系,称为吉布斯吸附等温式。

对二组分稀溶液,有

$$\Gamma = -\frac{c}{RT}\left(\frac{\partial \gamma}{\partial c}\right)_T \tag{15-1}$$

式中:Γ 为吸附量,mol·m^{-2};γ 为表面张力,N·m^{-1};c 为溶液浓度,mol·L^{-1};T 为热力学温度,K;R 为摩尔气体常数,8.314 J·mol^{-1}·K^{-1}。

当 $\frac{\partial \gamma}{\partial c} < 0$ 时,$\Gamma > 0$,溶液表面层的浓度大于内部的浓度,称为正吸附。

当 $\frac{\partial \gamma}{\partial c} > 0$ 时,$\Gamma < 0$,溶液表面层的浓度小于内部的浓度,称为负吸附。

有些物质溶入溶剂后,能使溶剂的表面张力显著降低,这类物质称为表面活性物质。被吸附的表面活性剂分子在水溶液表面层中的排列由它在液层中的浓度决定。随着表面活性剂在溶液中浓度的增大,它在溶液表面被吸附的量也随之增加。当浓度增至一定程度时,被吸附分子占据了所有表面,形成饱和吸附层。在这一过程中,溶液的表面张力也逐渐减小。

以表面张力对浓度作图,可得 γ-c 曲线,如图 15-1 所示。从图中可以看出,在表面活性剂浓度较小时,γ 随浓度的增加迅速下降,但是随着溶液中表面活性剂浓度的增大,以后的变化比较缓慢。

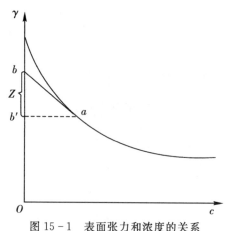

图 15-1 表面张力和浓度的关系

在 γ-c 曲线上取相应的点 a,通过 a 点作曲线的切线和平行于横坐标的直线,分别交纵轴于 b 和 b'。令 $bb' = Z$,则

$$Z = -c \cdot \frac{\partial \gamma}{\partial c} \tag{15-2}$$

由式(15-1)可得,$\Gamma = \frac{Z}{RT}$,取曲线上不同的点,就可以得出不同的 Z 和 Γ,从而可作出吸附等温线。

本实验采用最大泡压法测定乙醇水溶液的表面张力,其原理如下。

当毛细管下端面与被测液体液面相切时,液体沿毛细管上升。打开抽气瓶的活塞缓慢放水抽气,此时测定管中的压力 p_r 逐渐减小,毛细管中的大气压力 p_0 就会将管中液面压至管口,并形成气泡。

从浸入液面下的毛细管端鼓出空气泡时,需要高于外部大气压的附加压力以克服气泡的表面张力,则有

$$\Delta p = \frac{2\gamma}{r} \quad (15-3)$$

式中:Δp 为附加压力;γ 为表面张力;r 为气泡曲线半径。

如果毛细管半径很小,则形成的最大气泡可视为球形。当气泡开始形成时,表面几乎是平的,这时的曲率半径最大。随着压力差增大,气泡曲率半径逐渐变小,当曲率半径 r 减小到等于毛细管的半径 r_0,即气泡呈半球时,压力差达到最大值,其数值可由表面张力测定仪上读取。根据式(15-3)得

$$\Delta p_{max} = \frac{2\gamma}{r_0} \quad 或 \quad \gamma = \frac{r_0}{2} \times \Delta p_{max} = K\Delta p_{max} \quad (15-4)$$

式中:K 为毛细管常数,通常用已知表面张力的纯水标定。

四、仪器与试剂

仪器:BMZL-01 表面张力测定仪 1 套、恒温水浴 1 套、烧杯(200 mL)1 只、移液管(5 mL、10 mL)各 2 支。

试剂:无水乙醇(AR)、二次水。

五、实验步骤

(1)本实验测定乙醇水溶液的表面张力,50 mL 容量瓶中配制乙醇溶液质量分数依次为 5%、10%、15%、20%、25%、30%、35%、40%的乙醇水溶液。

(2)开启仪器后背板电源开关,并检查有机玻璃水槽液位,当液位低于上沿 2 cm 时,添加蒸馏水至水槽上沿 2 cm 处。

(3)打开仪器右下方灰黑色调速开关将水浴搅拌速率调节至 300~400 r/min 范围内。

(4)按动右上方乳白色温控开关"▲"或"▼"按钮设置水浴温度为 30 ℃,当下排 LED 数字显示为"30.0"时,停止调节,并按"▶"按钮返回,再向上扳动加热开关至"开"档。

(5)测定毛细管常数:洗涤测定管 3 遍并在测定管中注入 25~30 mL 蒸馏水,装入聚四氟乙烯塞毛细管,调节聚四氟乙烯塞使管内液面刚好与毛细管口相切。恒温 10 min 后,接好仪器上方橡皮管,向上扳动平衡开关至"开",再向上扳动"增减压开关"杆至"增压"(本实验仅测增压条件下溶液的表面张力),测定三次取平

均值。

(6)乙醇溶液的表面张力的测定:弃去测定管中蒸馏水,洗涤并以待测乙醇溶液润洗后分别按照浓度由低到高并遵照第(5)步骤进行测定。测定前每组溶液均需恒温 10 min,读数 3 次取平均值。

说明:测定过程中气速调节轮一般无需调节,当发现仪表数字变化过快而无法准确读出最大压差时,可将气速调节轮向减小方向做微调,调节时,动作切忌过大。

(7)实验完毕,关闭仪器前面板的所有开关,再关闭仪器后背板电源开关,清洗测定管并将聚四氟乙烯塞拔出妥善放置,实验结束。

六、数据记录与处理

(1)将实验数据填入表 15-1 和表 15-2 中。

表 15-1　毛细管常数的测定

室温=＿＿＿＿℃　　　大气压=＿＿＿＿Pa

Δp/kPa				水的表面张力/(N·m^{-1})	毛细管常数 K
1	2	3	平均		

(2)将查得水的表面张力代入式(15-4)中,求得 K,计算各不同浓度乙醇水溶液的表面张力 γ,填入表 15-2 中。

表 15-2　待测液体的表面张力

浓度	Δp_{max}/kPa				表面张力/(N·m^{-1})
	1	2	3	平均值	
5%					
10%					
15%					
20%					
25%					
30%					
35%					
40%					

(3)用坐标纸作 γ-c 光滑曲线,在曲线的整个浓度范围内取 10 个左右的点作

切线,求得 Z 值,计算 Γ 值。将所得数据列入表 15-3 中。

表 15-3 数据记录及结果

$c/(mol \cdot L^{-1})$									
$\dfrac{\partial \gamma}{\partial c}$									
Z									
$\Gamma/(mol \cdot m^{-2})$									

(4) 作出 Γ-c 图,即吸附等温线。此数据利用 Origin 作图求取切线,误差小。

实验关键:系统不能漏气;所用毛细管必须干净、干燥,其管口刚好与液面相切。

七、思考题

(1) 哪些因素影响本实验的测定结果?如何减少或清除这些因素?
(2) 本实验不用压气鼓泡,改用抽气鼓泡可以吗?
(3) 毛细管尖端为何必须调节的恰与液面相切?否则对实验有何影响?
(4) 最大泡压法测定表面张力时为什么要读最大压力差?如果气泡逸出得很快,或几个气泡一起逸出,对实验结果有无影响?
(5) 表面张力与溶液的浓度、温度有何关系?

八、实验延伸

(1) 研究型。
用此方法可以测定许多有机物液体的表面张力。
(2) 其他方法。
液体表面张力的测定方法分为静态法和动态法。静态法有毛细管上升法、DuNouy 吊环法、Wilhelmy 盘法、旋滴法、悬滴法、滴体积法、最大气泡压力法;动态法有旋滴法、震荡射流法和悬滴法等。其中,毛细管上升法和最大气泡压力法不能用来测液-液界面张力。Wilhelmy 盘法、最大气泡压力法、振荡射流法可以用来测定动态表面张力。

但最大泡压法一般只用来测定有机物液体的表面张力,而不适用于测定表面活性剂的表面张力,因为表面活性剂易起泡且泡沫有相当的稳定性,泡沫富集了表面活性剂,使得溶液中表面活性剂浓度改变,导致最大压力差不稳定。

实验十六　电导法测定水溶液表面活性剂的临界胶束浓度

实验项目性质:基础性
实验计划学时:3 学时

一、实验目的

(1)了解表面活性剂的特性及胶束形成原理。
(2)用电导法测定十二烷基磺酸钠的临界胶束浓度。
(3)培养学生对日常生活中表面活性剂物质性能的测定能力。

二、预习要求

(1)会熟练使用电导率仪。
(2)了解临界胶束浓度(CMC)的测定对表面活性剂的意义。
(3)标定电导池常数。

三、实验原理

表面活性剂(surfactant)是指加入少量就能使溶液体系的界面状态发生明显变化的物质。表面活性剂的分子结构具有两亲性:一端为亲水基团,另一端为疏水基团;亲水基团常为极性的基团,如羧酸、磺酸、硫酸、氨基或胺基及其盐,也可为羟基、酰胺基、醚键等;而疏水基团常为非极性烃链,如含有 8 个以上的碳原子烃链。

若按极性基团的解离性质分类,可分为以下四大类。

(1)阴离子型表面活性剂,如羧酸盐(如肥皂 $C_{17}H_{35}COONa$)、烷基硫酸盐(如十二烷基硫酸钠 $CH_3(CH_2)_{11}SO_4Na$)、烷基磺酸盐(如十二烷基磺酸钠 $CH_3(CH_2)_{11}SO_3Na$)等。

(2)阳离子型表面活性剂,多为季铵化合物,如溴化十六烷三甲基铵 $(CH_3(CH_2)_{15}N(CH_3)_3Br)$。

(3)非离子型表面活性剂,如聚氧乙烯类$[R-O-(CH_2CH_2O)_nH]$。

(4) 两性离子活性剂,这类表面活性剂的分子结构中同时具有正、负电荷基团,在不同 pH 值介质中可表现出阳离子或阴离子表面活性剂的性质。如卵磷脂、氨基酸型和甜菜碱型表面活性剂。

表面活性剂进入水中,在低浓度时呈分子状态,并且三三两两地把亲油基团靠拢而分散在水中。随着表面活性剂浓度增大,表面活性剂在溶液的表面定向排列,亲水头基插入水中,疏水尾链伸展向空气中。当溶液浓度增大到一定程度,溶液表面被表面活性剂分子"铺满"后,本体溶液中的表面活性剂分子开始结合成聚集体"胶束"。表面活性剂在水中形成胶束所需的最低浓度称为临界胶束浓度(critical micelle concentration,CMC)。在 CMC 点上,由于溶液的结构改变导致其物理及化学性质(如表面张力、电导、渗透压、浊度、光学性质等)同浓度的关系曲线出现明显的转折,如图 16-1 和图 16-2 所示。这个现象是测定 CMC 的实验依据,也是表面活性剂的一个重要特征。

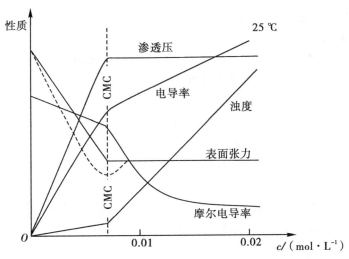

图 16-1　十二烷基磺酸钠水溶液的物理性质与浓度的关系

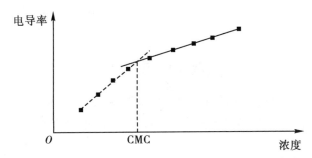

图 16-2　十二烷基磺酸钠水溶液电导率与浓度的关系

本实验利用电导率仪测定不同浓度的十二烷基磺酸钠水溶液的电导率(也可换算成摩尔电导率),并作电导率(或摩尔电导率)与浓度的关系图,从图中的转折点即可求得临界胶束浓度(见图 16-2)。

四、仪器与试剂

仪器：DDS-IIA 电导率仪 1 台、恒温水浴 1 套、电导电极 1 支。

试剂：100 mL 容量瓶 12 只、氯化钾($0.01\ mol \cdot L^{-1}$)、十二烷基磺酸钠、电导水或双蒸水。

五、实验步骤

(1) 调节恒温水浴至 25 ℃。

(2) 用电导水或蒸馏水准确配制 $0.01\ mol \cdot L^{-1}$ 的 KCl 标准溶液。

(3) 溶液配制。

取适量十二烷基磺酸钠在 80 ℃ 烘干 3 h，用电导水准确配制成十二烷基磺酸钠浓度为 $0.02\ mol \cdot L^{-1}$ 的高浓度溶液。

取 $0.02\ mol \cdot L^{-1}$ 十二烷基磺酸钠溶液分别稀释得到 0.002、0.004、0.006、0.007、0.008、0.009、0.010、0.012、0.014、0.016、0.018、0.020 $mol \cdot L^{-1}$ 溶液各 100 mL。

(4) 用 $0.01\ mol \cdot L^{-1}$ KCl 标准溶液标定电导池常数(亦称电极常数)。

(5) 用电导率仪从稀到浓分别测定上述各溶液的电导值。每个待测溶液必须恒温 5 min 以上才能开始测量，每次测量前电极需用待测溶液淋洗两三次。每个溶液的电导率值需测定三次，取平均值，记录每次测量结果。

(6) 测试完毕，清洗电极，关闭电源。

【物理参数】

25 ℃ 时 $C_{12}H_{25}SO_3Na$ 的 CMC 为 $8.1 \times 10^{-3}\ mol \cdot L^{-1}$，$0.01\ mol \cdot L^{-1}$ KCl 标准溶液的电导率值 $\kappa = 0.1409\ S \cdot m^{-1}$。

六、数据记录及处理

(1) 在表 16-1 中列出各浓度及其对应的电导率值($S \cdot m^{-1}$)。

(2) 作电导率 κ-c 图，从曲线转折点确定临界胶束浓度 CMC 值，并与文献值比较。

(3) 得出实验结论。

表 16-1　各浓度十二烷基磺酸钠溶液对应的电导率值

室温=_____ ℃　　　大气压=_____ Pa

浓度/(10^3 mol·L^{-1})	2	4	6	7	8	9	10	12	14	16	18	20
κ_1												
κ_2												
κ_3												
$\kappa_{平均}$												

七、注意事项

(1)恒温时可同时恒温几个试样,以节省时间。所取溶液的量只要浸没电极即可,约取 30 mL。

(2)电极要用待测液润洗三次,勿用纸擦电极。

(3)同一溶液电导率的相对测量偏差不能超过 5%。

八、思考题

(1)若要知道所测得的临界胶束浓度是否准确,可用什么实验方法验证?

(2)非离子型表面活性剂能否采用本实验方法测定临界胶束浓度?为什么?若不能,则可用何种方法测定?

(3)临界胶束浓度(CMC)的测定对表面活性剂有何意义?

(4)溶液的表面活性剂分子与胶束之间的平衡浓度有关,试问如何测出其热效应ΔH值?

九、阅读材料及实验延伸

(一)阅读材料

1. 下载阅读以下文献,并将题目及摘要翻译成中文

TENNUGA L, MEDJAHED K, MANSRI A. Synthesis, characterization and study of copolymer/surfactant mixture in aqueous solution by conductivity and viscosity techniques[J]. Moroccan Journal of Chemistry, 2016, 3(4):661 - 668.

2. 在中国期刊网下载阅读下列文献

[1]黄泰山. 新编物理化学实验[M]. 厦门:厦门大学出版社, 1999:98。

[2]陈启斌, 韦园红, 施云海, 等. 阳离子型偶联表面活性剂溶液的表面张力和电导率[J]. 华东理工大学学报(自然科学版), 2003, 29(1):33 - 37.

[3]王晓菊. 电导法测定表面活性剂溶液的临界胶束浓度[J]. 化学工程师, 1997(5):15 - 16.

3. 阅读课本中相关表面活性剂的内容

表面活性剂的渗透、润湿、乳化、去污、分散、增溶和起泡作用等基本原理广泛应用于石油、煤炭、机械、化工、冶金、材料及轻工业、农业生产中。研究表面活性剂溶液的物理化学性质(吸附)和内部性质(胶束形成)有着重要意义,而临界胶束浓度(CMC)可以作为表面活性剂的表面活性的一种量度。因为 CMC 越小,则表示这种表面活性剂形成胶束所需浓度越低,达到表面(界面)饱和吸附的浓度越低,因而改变表面性质起到润湿、乳化、增溶和起泡等作用所需的浓度越低,另外,临界胶束浓度又是表面活性剂溶液性质发生显著变化的一个"分水岭"。因此,有关表面活性剂的大量研究工作都与各种体系中的 CMC 测定有关。

表面张力法除了可求得 CMC 之外,还可以求出表面吸附等温线,此外还有一优点,就是无论对于高表面活性还是低表面活性的表面活性剂,其 CMC 的测定都具有相似的灵敏度,此法不受无机盐的干扰,也适合非离子表面活性剂。电导法是经典方法,简便可靠,只限于离子性表面活性剂,此法对于有较高活性的表面活性剂准确性高,但过量无机盐存在会降低测定灵敏度,因此配制溶液应该用电导水。

(二)实验延伸

1. 研究型

用电导率仪测定电导,从而求得反应速率常数,水的纯度,弱电解质电离度和电离常数,难溶盐的溶解度和活度积,以及对有些有颜色、不便利用指示剂时的电导滴定也非常有用。

2. 其他方法

测定 CMC 的方法很多,常用的有表面张力法、电导法、染料法、增溶作用法、光散射法等。这些方法,原理上都是从溶液的物理化学性质随浓度变化关系出发求得的,其中表面张力和电导法比较简便、准确。

3. **查阅文献设计测量表面活性剂胶束生成热效应的实验**

［提示］根据 $\dfrac{\mathrm{d}\ln CMC}{\mathrm{d}T} = -\dfrac{\Delta H}{2RT^2}$，通过测量不同温度调节下的 CMC，用作图法即可求得。

实验十七　黏度法测定高聚物摩尔质量

实验项目性质：基础性
实验计划学时：3 学时

一、实验目的

(1) 理解黏度法测定高聚物摩尔质量的基本原理和公式。
(2) 掌握用乌氏黏度计测定高聚物溶液黏度的原理和方法。
(3) 学会用外推法作图求 $[\eta]$ 值。

二、预习要求

(1) 理解乌氏黏度计的工作原理和使用方法。
(2) 掌握各种黏度的定义。

三、实验原理

黏度是指液体对流动所表现的阻力，这种力反抗液体中相邻部分的相对移动。

高分子化合物在稀溶液中的黏度，主要反映了液体在流动时存在着内摩擦。其中，因溶剂分子之间的内摩擦表现出来的黏度称为纯溶剂黏度，用 η_0 表示，此外，还有高分子化合物之间的内摩擦，以及高分子与溶剂分子之间的内摩擦。三者之和表现为溶液的黏度 η。在同一温度下，一般来说，$\eta > \eta_0$。

溶液黏度与纯溶剂黏度的比值称为相对黏度，用 η_r 表示为

$$\eta_r = \frac{\eta}{\eta_0} \tag{17-1}$$

相对于溶剂，其溶液黏度增加的分数称为正比黏度，用 η_{sp} 表示为

$$\eta_{sp} = \frac{\eta - \eta_0}{\eta_0} = \eta_r - 1 \tag{17-2}$$

对于高分子溶液，增比黏度 η_{sp} 往往随溶液浓度 c 的增加而增加。为了便于比较，将单位浓度下所显示出的增比黏度称为比浓黏度。

对于高分子化合物溶液，黏度相对增量往往随溶液浓度的增加而增大，因此常用其与浓度 c 之比来表示溶液的黏度，称为黏数(或比浓黏度)，即

$$\frac{\eta_{sp}}{c} = \frac{\eta_r - 1}{c} \tag{17-3}$$

黏度比的自然对数与浓度之比称为对数黏数（或比浓对数黏度），即

$$\frac{\ln\eta_r}{c}=\frac{\ln(1+\eta_{sp})}{c} \tag{17-4}$$

其单位为浓度的倒数，常用 $mL \cdot g^{-1}$ 表示。

为了进一步消除高分子化合物分子之间的内摩擦效应，必须将溶液浓度无限稀释，使得每个高分子化合物分子之间彼此相隔极远，相互干扰可以忽略不计。这是溶液所呈现出的黏度行为，基本上反映了高分子与溶剂分子之间的内摩擦。这一黏度的极限值记为

$$[\eta]=\lim_{c\to 0}\frac{\eta_{sp}}{c}=\lim_{c\to 0}\frac{\eta_r}{c} \tag{17-5}$$

式中：$[\eta]$ 称为极限黏数，又称特性黏数，其值与浓度无关，量纲是浓度的倒数。

实验证明，对于指定的聚合物在给定的溶剂和温度下，$[\eta]$ 的数值仅由试样的黏均摩尔质量 $\overline{M_\eta}$ 所决定。$[\eta]$ 与高聚物摩尔质量之间的关系，通常用带有两个参数的马克-豪温克(Mark-Houwink)经验方程式来表示，即

$$[\eta]=K \cdot \overline{M_\eta^\alpha} \tag{17-6}$$

式中：K 为比例常数；α 为扩张因子，与溶液中聚合物分子的形态有关；$\overline{M_\eta}$ 为黏均摩尔质量。

K、α 与温度、聚合物的种类和溶剂性质有关，K 值受温度影响较大，而 α 值主要取决于高分子线团在溶剂中舒展的程度，一般介于 0.5~1.0 之间。在一定温度时，对给定的聚合物-溶剂体系，一定的黏均摩尔质量范围内 K、α 为一常数，$[\eta]$ 只与黏均摩尔质量大小有关。K、α 值可从有关手册中查到，或采用几个标准样品根据式(17-6)进行确定，标准样品的黏均摩尔质量可由绝对方法（如渗透压和光散射法等）确定。

在一定温度下，聚合物溶液黏度对浓度有一定的依赖关系。描述溶液黏度与浓度关系的方程式很多，应用较多的如下。

(1) 哈金斯(Huggins)方程

$$\eta_{sp}/c=[\eta]+k[\eta]^2 c \tag{17-7}$$

(2) 克雷默(Kraemer)方程

$$\frac{\ln\eta_r}{c}=[\eta]-\beta[\eta]^2 c \tag{17-8}$$

对于指定的聚合物在给定温度和溶剂时，k、β 应是常数，其中 k 称为哈金斯常数。它表示溶液中聚合物之间和聚合物与溶剂分子之间的相互作用，k 值一般说来对摩尔质量并不敏感。用 $\ln\eta_r/c - c$ 和 $\eta_r/c - c$ 的图外推得到共同的截距 $[\eta]$，如图 17-1 所示。

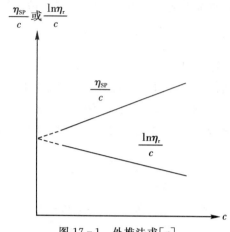

图 17-1 外推法求 $[\eta]$

由此可见,用黏度法测定高聚物摩尔质量,关键在于 $[\eta]$ 的求得。测定黏度的方法很多,如:落球法、旋转法、毛细管法等。最方便的方法是用毛细管黏度计测定溶液的黏度比。常用的黏度计有乌氏(Ubbelchde)黏度计,其特点是溶液的体积对测量量没有影响,所以可以在黏度计内采取逐步稀释的方法得到不同浓度的溶液。

根据黏度比定义可知

$$\eta_r = \frac{\eta}{\eta_0} = \frac{\rho t (1-B/At^2)}{\rho_0 t_0 (1-B/At_0^2)} \tag{17-9}$$

式中:ρ、ρ_0 分别为溶液和溶剂的密度,若溶液的浓度不大($c < 10 \text{ kg} \cdot \text{m}^{-3}$),溶液的密度与溶剂的密度可近似地看作相同,即 $\rho \approx \rho_0$;A 和 B 为黏度计常数;t 和 t_0 分别为溶液和溶剂在毛细管中的流出时间。在恒温条件下,用同一支毛细管测定溶液和溶剂的流出时间,如果溶剂在该黏度计中的流出时间大于 100 s,则动能校正项 $B/At^2 \ll 1$,因此

$$\eta_r = \frac{\eta}{\eta_0} = \frac{t}{t_0} \tag{17-10}$$

所以只需测定溶液和溶剂在毛细管中的流出时间就可得到 η_r。进而可分别计算得到 η_{sp}、$\frac{\eta_{sp}}{c}$、$\frac{\ln \eta_r}{c}$,配制一系列不同浓度的溶液分别进行测定,以 $\frac{\eta_{sp}}{c}$ 和 $\frac{\ln \eta_r}{c}$ 为同一纵坐标,c 为横坐标作图,得两条直线,分别外推到 $c=0$ 处,其截距即为 $[\eta]$,代入式(17-6),即可求得高分子化合物的平均摩尔质量。

四、仪器与试剂

仪器:乌氏黏度计 1 个、恒温槽(要求温度波动不大于 ± 0.05 ℃)1 套、洗耳球

1 个、移液管(1 mL、2 mL、5 mL、10 mL 各一支)、秒表 1 个、容量瓶(100 mL、25 mL 各一只)、橡皮管若干、夹子若干、胶头滴管若干、铁架台 1 台、玻璃砂漏斗 1 个、天平一台。

试剂:1g·L^{-1}聚乙二醇溶液。

五、实验步骤

1. **调节恒温槽温度至 25 ℃**

2. **配制聚合物溶液**

   用分析天平准确称取 4 g 聚乙二醇,在 25 ml 容量瓶中配成水溶液。配溶液时,要先加入溶剂至容量瓶的 2/3 处,待其全部溶解后恒温 10 min,再用同温度的蒸馏水稀释至刻度,放入恒温槽内恒温待用。

3. **洗涤黏度计**

   黏度计和待测液体是否清洁,是决定实验成功的关键之一。灌入洗液反复洗涤黏度计的毛细管部分,再用自来水、蒸馏水冲洗。经常使用的黏度计用蒸馏水浸泡,去除留在黏度计中的高聚物,黏度计的毛细管要反复用水冲洗。

4. **测定溶剂流出时间**

   将黏度计垂直夹在恒温槽内,用移液管取 10 ml 溶剂(蒸馏水)自 A 管加入,恒温数分钟,夹紧 C 管上连接的乳胶管,同时在连接 B 管的乳胶管上接洗耳球慢慢抽气,待液体升至 G 球的 1/2 左右即停止抽气,打开 C 管乳胶管上的夹子,使毛细管内液体同 D 球分开,用停表测定液体在 a、b 两线间移动所需时间。重复测定三次,每次相差不超过 0.2~0.3 s,取平均值。

5. **测定溶剂流出时间**

   取出黏度计,倒出水吹干,用移液管吸取 10 ml 已恒温的高聚物溶液,用上法测定流经时间。再用移液管加入 5 ml 已恒温的溶剂(蒸馏水),用洗耳球从 C 管鼓气搅拌并将溶液慢慢地抽上、流下数次,使之混和均匀,再如上法测定流出时间。然后依次加入 1、2、3、5 ml 溶剂(蒸馏水),用同样方法逐一测定不同浓度聚乙二醇溶液的流经时间。

6. **黏度计的洗涤**

   倒出溶液,用去离子水反复洗涤,直到与 t_0 开始相同为止。

六、数据处理

(1)根据实验,对不同浓度的溶液测得相应的流出时间,分别计算 η_r、η_{sp}、η_{sp}/c

和 $\ln\eta_r/c$,并填入表 17-1 中。

表 17-1 不同浓度的溶液流出时间及相关数据记录表

室温=_____ ℃   大气压=_____ Pa   恒温温度=_____ ℃

溶剂流出时间 t_{01}=_____ s t_{02}=_____ s t_{03}=_____ s 平均值 t_0=_____ s

浓度/ (g·L^{-1})	流出时间 t/s				η_{sp}	$\dfrac{\eta_{sp}}{c}$	$\dfrac{\ln\eta_r}{c}$
	t_{01}	t_{02}	t_{03}	t_0			

(2)以 η_{sp}/c 和 $\ln\eta_r/c$ 分别对 c 作图,得两条直线,外推至 $c=0$ 处,求出 $[\eta]$。

(3)按式(17-6)计算出聚乙二醇的平均摩尔质量。

注:25 ℃时聚乙二醇-水体系的 $K=1.56\times10^{-4}$ m^3·kg^{-1},$\alpha=0.50$。

七、注意事项

(1)黏度计必须洁净,如毛细管壁上挂有水珠,需用洗液浸泡(洗液经 2$^{\#}$ 砂芯漏斗过滤除去微粒杂质)。

(2)高聚物在溶剂中溶解缓慢,配制溶液时必须保证其完全溶解,否则会影响溶液起始浓度,导致结果偏低。

(3)本实验中溶液的稀释是直接在黏度计中进行的,所用溶剂必须先在与溶液所处同一恒温槽中恒温,然后用移液管准确量取并充分混合均匀,方可测定。

(4)测定时黏度计要垂直放置,否则影响结果准确性。

八、思考题

(1)测量时黏度计倾斜放置会对测定结果有什么影响?

(2)黏度法测定高聚物的摩尔质量有何优缺点?指出影响准确测定结果的因素。

(3)乌式黏度计中的支管的作用是什么？能否将此处支管改为双管黏度计使用？为什么？

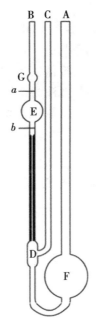

图 17-2　乌氏黏度计

九、实验延伸

1. 研究型

乌氏黏度计的用途如下。

(1)分子量测定。由于特定黏度与高分子的黏均分子量有密切的关系,因而特性黏度也就成了一个很重要的分子量表征参数。

(2)聚合物在溶液中形态的分析。聚合物在不同溶剂中,由于扩张程度不同,其特性黏度的值也不同,批次相差可达 5 倍之多。因此根据不同溶剂中的特性黏度值,我们可以初步判断聚合物在溶剂中的构象,尤其是一些生物高分子,这一现象十分明显。

(3)聚合物合成进行程度的判据。当采用溶液聚合的方法来合成聚合物时,随着聚合物聚合度的不断增大,溶液的浓度也会随之增大。因此在聚合物溶液合成的实验过程中,可在不同的阶段取样,用乌氏黏度计测定溶液的运动黏度,用作反应聚合程度的一个判据。

(4)聚合反应动力学研究。

2. 其他方法

高分子材料的分子量的测定,一般而言,相对分子质量为统计平均值。根据统计方法不同,存在四种平均分子量:数均分子量、重均分子量、黏均分子量、Z均分子量。端基滴定法、沸点升高法、冰点降低法、渗透压法测得的是数均分子量。光散射法测得的是重均分子量。特性黏度法测得的是黏均分子量,常用乌氏黏度计测定,其优点是操作简便,实验精度高。超离心沉降法和凝胶色谱法可测得Z均分子量。

3. 查阅文献

设计运用黏度法测量流体的活化能 E_a(流体流动时必须克服的能垒)的实验。

[提示] 通过测定在不同温度下的流体黏度,按关系式 $\eta = Ae^{\frac{E_a}{RT}}$ 求算。

实验十八　电泳、电渗实验

实验项目性质：基础性
实验计划学时：3 学时

一、实验目的

(1)掌握电泳法测定 ζ 电势的原理与技术。
(2)加深理解电泳是胶体中液相和固相在外电场作用下相对移动而产生的电性现象。
(3)通过电渗法测定 SiO_2 对水的电势，掌握电渗法测定电势的基本原理和技术。

二、预习要求

(1)熟练使用电泳仪和电渗仪。
(2)理解胶体中液相和固相在外电场作用下的电动现象。

三、实验原理

胶体溶液是一个多相体系，分散相胶体和分散介质带有数量相等而符号相反的电荷，因此在相界面上建立了双电层结构。但在外电场的作用下，胶体中的胶粒和分散介质反向相对移动，就会产生电位差，此电位差称为 ζ 电势。ζ 电势和胶体的稳定性有密切关系。ζ 越大，表明胶体的荷电越多，胶体之间的斥力越大，胶体越稳定；反之，则不稳定。当 ζ＝0 时，胶体的稳定性最差，此时可观察到聚沉的现象。因此无论是制备还是破坏胶体，均需要了解所研究胶体的 ζ 电势。

电泳和电渗均属于胶体的电动现象，实质是由于双电层结构的存在，其紧密层和扩散层中各具有相反的剩余电荷，在外电场或外加压力下，它们发生相对运动。电渗是指在电场作用下，分散介质通过多孔膜或极细的毛细管而定向移动的现象。

1. 电泳公式的推导

当带电的胶粒在外电场作用下迁移时，若胶粒的电荷为 q，两电极之间的电位梯度为 ω，则胶粒受到的静电力为

$$F_1 = q\omega \tag{18-1}$$

球形胶粒在介质中运动受到的阻力按斯托克斯定律为

$$F_2 = 6\pi\eta r u \qquad (18-2)$$

若胶粒运动速率 u 达到恒定,则有

$$q\omega = 6\pi\eta r u \qquad (18-3)$$

$$u = q\omega/6\pi\eta r \qquad (18-4)$$

胶粒的带电性质通常用 ζ 电势而不用电量 q 表示,根据静电学原理

$$\zeta = q/\varepsilon r \qquad (18-5)$$

式中:r 为胶粒的半径。将式(18-5)代入式(18-4)得

$$u = \zeta\varepsilon\omega/6\pi\eta \qquad (18-6)$$

式(18-6)适用于球形胶粒,对于棒状胶粒,其电泳速率为

$$u = \zeta\varepsilon\omega/4\pi\eta \qquad (18-7)$$

或

$$\zeta = 4\pi\eta u/\varepsilon\omega \qquad (18-8)$$

式(18-8)即为电泳公式。同样若已知 ε、η,通过测量 u 和 ω,代入式(18-8)也可算出 ζ 电势。

2. 电渗公式的推导

电渗的实验方法原则上是要设法使所要研究的分散相质点固定在静电场中(通以直流电),让能导电的分散介质向某一方向流经刻度毛细管,从而测量出其流量(cm^3),再测量出(或查出)相同温度下分散介质的特性常数和通过的电流后,即可算出 ζ 电势。设电渗发生在一个半径为 r 的毛细管中,又设固体与液体接触界面处的吸附层厚度为 δ(δ 比 r 小很多,因此,双电层内液体的流动可不予考虑),若表面电荷密度为 σ,加于长为 l 的毛细管两端的电势差为 U,电势梯度为 $\dfrac{U}{l}$,则界面单位面积上所受的电力为

$$F = \sigma \frac{U}{l} \qquad (18-9)$$

当液体在毛细管中流动时,界面单位面积上所受的阻力为

$$f = \eta \frac{dv}{dx} = \eta \frac{v}{\delta} \qquad (18-10)$$

式中:v 为电渗速度;η 为液体的黏度。

当液体匀速流动时 $F = f$,即

$$\sigma \frac{U}{l} = \eta \frac{v}{\delta} \qquad (18-11)$$

$$v = \frac{U\sigma\delta}{l\eta} \qquad (18-12)$$

假设界面处的电荷分布情况类似于一个处在介电常数为 ζ 的液体中平板电容

器上的电荷分布,其电容为

$$C = \frac{Q}{\xi} = \frac{S\varepsilon}{4\pi\delta} \tag{18-13}$$

式中:Q 为电荷量;S 为面积。
由此可得

$$\sigma = \frac{Q}{S} = \frac{\zeta\varepsilon}{4\pi\delta} \tag{18-14}$$

将式(18-12)代入式(18-14)中,得

$$v = \frac{U\varepsilon\zeta}{4\pi\eta l} \tag{18-15}$$

若毛细管的截面积为 A,单位时间内流过毛细管的液体量为 V,则

$$V = Av = \frac{A\varepsilon\zeta U}{4\pi\eta l} \tag{18-16}$$

而

$$U = IR = I\rho\frac{l}{A} = I\frac{1}{k}\cdot\frac{l}{A} = \frac{Il}{kA} \tag{18-17}$$

式中:I 为通过二电极间的电流;R 为二电极间的电阻;k 为液体介质的电导率。

将式(18-17)代入式(18-16),得

$$\zeta = \frac{4\pi\eta kV}{I\varepsilon}k \tag{18-18}$$

用上式计算 ζ 电势,可用实验方法测得 V、k 和 I 值,而 ε、η 值可从手册中查得。式(18-18)中所有电学量必须用绝对静电单位表示。采用我国法定计量单位时,若 k 单位为 $\Omega^{-1}\cdot cm^{-1}$,I 为 A,液体流量 V 为 $cm^3\cdot s$,η 为 $Pa\cdot s$,ζ 为 V 时,则式(18-18)转变为

$$\zeta = 300^2\frac{40\pi\eta kV}{I\varepsilon} = 3.6\times10^6\frac{k\pi\eta V}{I\varepsilon} \tag{18-19}$$

四、仪器与试剂

仪器:电泳装置 1 套、电渗装置 1 套、恒温水浴 1 套、停表 1 个、滴管若干、100 mL 锥形瓶 1 个、烧杯 1 个、小试管若干。

试剂:胶棉液、KCl 辅助溶液($0.024\ mol\cdot L^{-1}$)、10% $FeCl_3$ 溶液。

五、实验步骤

(一)电泳

1. 半透膜的制备

在预先洗净并烘干的 150 mL 锥形瓶中加入约 10 mL 胶棉液(溶剂为 1∶3 乙醇-乙醚),小心转动锥形瓶,使胶棉液在瓶内壁形成一均匀薄膜,倾出多余的胶棉液。将锥形瓶倒置于铁圈上,使乙醚挥发完毕。此时如用手指轻轻触及胶棉应无黏着感。然后将蒸馏水注入胶膜与瓶壁之间,小心取出胶膜,将其置于蒸馏水中浸泡待用,同时检查是否有漏洞。

2. $FeCl_3$ 胶体溶液的制备

取锥形瓶 1 个,加 95 mL 蒸馏水煮沸,再取 5 mL 10% $FeCl_3$ 溶液搅拌,滴加于沸腾的水中,煮沸 2~3 min,溶液变成棕红色,停止加热。冷却至室温待用。

3. 溶胶的纯化

将锥形瓶中已制好的溶胶,小心倒进步骤 1 预先制备好的半透膜袋中,用线栓住袋口,置于盛有蒸馏水的烧杯中,进行渗析。为了提高渗析速度,可以将水加热至 60~70 ℃。渗析 20 min 换一次水,换两次后将渗析水分别至于两个小试管中,再分别用 $AgNO_3$ 和 KCNS 溶液检验渗析水中的 Cl^- 及 Fe^{3+} 的含量,渗析到无 Fe^{3+} 和基本没有 Cl^- 为止。一般换 4 次水即可。

4. 测定电泳速度 u 和电位梯度

将待测的 $FeCl_3$ 胶体溶液通过小漏斗注入电泳仪(图 18-1)的 U 形管底部至适当位置。将电导率和胶体溶液相同的稀 KCl(0.02 mol·L^{-1})溶液,沿 U 形管左右两侧的管壁,等量地缓缓加入至将电极上表面淹没,保持两液相间的界面清晰。轻轻将铂电极插入 KCl 液层中。切勿扰动液面,铂电极应保持垂直,并使两极浸入液面下的深度相等,记下胶体液面的高度位置。按电泳测量线路图所示将两极接于 30~50 V 直流电源上,按下开关,同时开始记时至 30~45 min,记下胶体液面上升的距离和电压的读数。沿 U 形管中线量出两极间的距离。此数值测量多次,并取平均值。实验结束后应洗干净 U 形管和电极,并在 U 形管中放满蒸馏水浸泡铂电极。

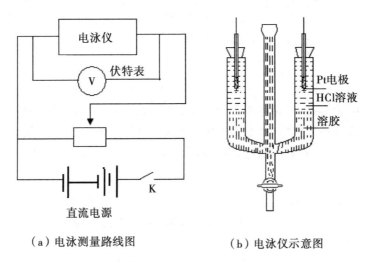

(a)电泳测量路线图　　(b)电泳仪示意图

图 18-1　电泳装置示意图

(二)电渗

1. 连接电渗仪

电渗仪的结构如图 18-2 所示。刻度毛细管 D（可用 1 mL 移液管改制）通过连通管 C 分别与铂丝电极 E、F 相连（为使加于样品两端的电场均匀,最好用二铂

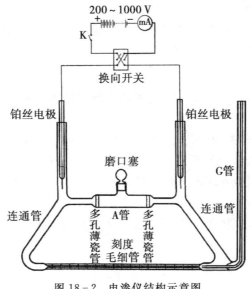

图 18-2　电渗仪结构示意图

片电极)。K 为多孔薄瓷板,A 管内装粉末样品,在毛细管的一端接有另一根尖嘴形的毛细管 G,G 的上端装一段乳胶管 H,乳胶管只可用一弹簧夹 I 夹紧。通过 G 管可将一个测量流速用的空气泡压入毛细管 D 中。

2. 装入样品

将 80～100 目的 SiO_2 粉与蒸馏水拌和的糊状物用滴管注入 A 管中,盖上瓶塞 B。水分经 K 滤出,拔去钼电极 E、F,从电极管口注入蒸馏水,至钼丝电极能浸入水中为止。检查不漏水后,插上铂电极。用吸耳球从 G 管压入一小气泡至 D 的一端,夹紧弹簧夹 I。将整个电渗仪浸入恒温槽(20 ℃、25 ℃、35 ℃)中,恒温 10 min 以待测定。

3. 测定 V、I 和 k 值

在电渗仪的两钼丝电极间接上 200～1000 V 的直流电源,中间串一毫安表、耐高压的电源开关 K 和换向开关如图 18-2 所示。调节电源电压,使电渗时,电渗仪毛细管 D 中气泡从一端刻度至另一端刻度行程时间约 20 s 左右。然后正确测定此时间,求出单位时间内毛细管中气泡所移动过的体积,此体积即为液体介质(水)在单位时间内通过 A 室的体积。利用换向开关,可使 E、F 二电极的极性反向,进而使电渗方向反向。由于电源电压较高,操作时应先切断电源开关,然后改换换向开关,再接上耐高压的电源开关,反复测量正、反向电渗时流量各 5 次,取平均值,求出液体流量 V。同时,在测量时调节电压,保持电流 I 恒定。由毫安表读下电流 I 值。

改变电源电压,使 D 管中气泡行程时间改为 15 s、25 s。测定相应的流量 V 和电流 I。拆去电渗仪电源,用电导仪测定电渗仪中蒸馏水的电导率 k。注意:由于使用高压电源,操作时应注意安全。

【仪器使用说明】

(1)首先用导线将电泳槽的两个电极与电泳仪的直流输出端联接,注意极性不要接反。

(2)电泳仪电源开关调至关的位置,电压旋钮转到最小,根据工作需要选择稳压、稳流方式及电压、电流范围。

(3)接通电源,缓缓旋转电压调节旋钮直到达到所需电压为止,设定电泳终止时间,此时电泳即开始进行。

(4)工作完毕后,应将各旋钮、开关旋至零位或关闭状态,并拔出电泳插头。

六、数据记录

(1) 计算各次测定的 $\frac{V}{l}$ 值,并取平均值。

(2) 将 $\frac{V}{l}$ 的平均值和 k 代入式(18-18),计算 SiO_2 对水的 ε 电势。

(3) 测定时注意水的方向和 2 个钼电极的极性,从而确定 ε 电势是正值还是负值。

(4) 得出实验结论。

七、注意事项

(1) 电泳仪通电进入工作状态后,禁止人体接触电极、电泳物及其他可能带电部分,也不能到电泳槽内取放东西,如需要应先断电,以免触电。同时要求仪器必须良好接地,以防漏电。

(2) 仪器通电后,不要随时增加或拔掉输出导线插头,以防短路现象发生,虽然仪器内部设有保险丝,但短路现象仍有可能导致仪器损坏。

(3) 由于不同介质支持物的电阻值不同,电泳时所通过的电流量也不同,其电泳运动速度及电泳至终点所需时间也不同,故不同介质支持物的电泳不要同时在同一电泳仪上进行。

(4) 在总电流不超过仪器额定电流(最大电流范围)时,可以多槽并联使用,但要注意不能超载,否则容易影响仪器寿命。

(5) 某些特殊情况下需检查仪器电泳输入情况时,允许在稳压状态下空载开机,但在稳流状态下必须先接好负载再开机,否则电压表指针将大幅度跳动,容易造成不必要的人为机器损坏。

(6) 使用过程中若发现异常现象,如较大噪音、放电或异常气味等,须立即切断电源,进行检修,以免发生意外事故。

八、思考题

(1) 为什么毛细管 D 中气泡在单位时间内所移动过的体积就是单位时间内流过试样室 A 的液体量?

(2) 固体粉末样品颗粒太大,电渗测定结果重演性差,可能的原因是什么?

(3) 讨论影响 ζ 电势测定的因素有哪些?

九、实验延伸

1. 研究型

利用电泳可以确定胶体微粒的电性质,向阳极移动的胶粒带负电荷,向阴极移动的胶粒带正电荷。一般来讲,金属氢氧化物、金属氧化物等胶体微粒吸附阳离子,带正电荷;非金属氧化物、非金属硫化物等胶体微粒吸附阴离子,带负电荷。电泳已日益广泛地应用于分析化学、生物化学、临床化学、毒剂学、药理学、免疫学、微生物学、食品化学等各个领域。

2. 其他方法

电泳的方式有很多种,常见的有以下几种。

(1) 移动界面电泳。它是将被分离的离子(如阴离子)混合物置于电泳槽的一端(如负极),在电泳开始前,样品与载体电解质有清晰的界面。电泳开始后,带电粒子向另一极(正极)移动,泳动速度最快的离子走在最前面,其他离子依电极速度快慢顺序排列,形成不同的区带。只有第一个区带的界面是清晰的,达到完全分离,其中含有电泳速度最快的离子,其他大部分区带重叠。

(2) 区带电泳。它是在一定的支持物上、均一的载体电解质中,将样品加在中部位置,在电场作用下,样品中带正或负电荷的离子分别向负或正极以不同速度移动,分离成一个个彼此隔开的区带。区带电泳按支持物的物理性状不同,又可分为纸和其他纤维膜电泳、粉末电泳、凝胶电泳与丝线电泳。

(3) 等电聚焦电泳。它是将两性电解质加入盛有 pH 梯度缓冲液的电泳槽中,当其处在低于其本身等电点的环境中则带正电荷,向负极移动;若其处在高于其本身等电点的环境中,则带负电向正极移动。当泳动到其自身特有的等电点时,其净电荷为零,泳动速度下降到零,具有不同等电点的物质最后聚焦在各自等电点位置,形成一个个清晰的区带,分辨率极高。

(4) 等速电泳。它是在样品中加有领先离子(其迁移率比所有被分离离子的大)和终末离子(其迁移率比所有被分离离子的小),将样品加在领先离子和终末离子之间,在外电场作用下,各离子进行移动,经过一段时间电泳后,达到完全分离。被分离的各离子的区带按迁移率大小依序排列在领先离子与终末离子的区带之间。由于没有加入适当的支持电解质来载带电流,所得到的区带是相互连接的,且因"自身校正"效应,界面是清晰的,这是与区带电泳不同之处。

物质结构实验

实验十九　X射线粉末衍射法测定晶胞常数

实验项目性质:综合性
实验计划学时:6学时

一、实验目的

(1)掌握晶体对X射线衍射的基本原理和晶胞常数的测定方法。
(2)了解X射线衍射仪的简单结构、使用方法。
(3)了解X射线粉末图的分析和应用。

二、预习要求

(1)熟悉X射线衍射仪的基本原理、简单结构和操作方法。
(2)了解晶体点阵形式、晶胞参数。
(3)掌握布拉格(Bragg)方程。

三、实验原理

1. X射线的产生

在抽至真空的X射线管中,钨丝阴极通电受热发射电子,电子在几万伏的高压下加速运动,打在由金属Cu(Fe、Mo)制成的阳靶上,在阳极产生X射线。众所周知,X射线是一种波长比较短的电磁波。由X射线管产生的X射线,根据不同的实验条件有以下两种类型。

(1)连续X射线(白色X射线):和可见光的白光类似,由一组不同频率不同波长的X射线组成,产生机理比较复杂。一般可认为高速电子在阳靶中运动,因受阻力速度减慢,从而将一部分电子动能转化为X射线辐射能。

(2)特征X射线(标识X射线):在连续X射线基础上叠加的若干条波长一定的X射线。当X光管的管压低于元素的激发电压时,只产生连续X射线;当管压高于激发电压时,在连续 X 射线基础上产生标识 X 射线;当管压继续增加,标识 X 射线波长不变,只是强度相应增加。标识 X 射线有很多条,其中强度最大的两条分别称为 K_α 和 K_β 线,其波长只与阳极所用材料有关。

X 射线产生的微观机理:从微观结构上看,当具有足够能量的电子将阳极金属原子中的内层电子轰击出来,使原子处于激发态,此时较外层的电子便会跃迁至内层填补空位,多余能量以 X 射线形式发射出来。阳极金属核外电子层为 K,L,M,N,…,如轰击出来的是 K 层电子(称为 K 系辐射),由 L 层电子跃迁回 K 层填补空穴,就产生特征谱线 K_α,或由 M 层电子跃迁回 K 层填补空穴,就产生特征谱线 K_β。

当然,往后还有 L 系、M 系辐射等,但一般情况下这些谱线对该实验用处不大。

2. X 射线的吸收

在 XRD 实验中,通常需要获得单色 X 射线,滤去 K_β 线,保留 K_α 线。

吸收现象经常用于实验中获得单色 X 射线。如果在光路中放置一种物质(称为滤光片或单色器),这种物质的吸收线波长正好处于特征 X 射线 K_α 和 K_β 波长之间,从而能将绝大部分 K_β 线滤去,而透过的 K_α 线强度损失很小,得到的基本上是单色 K_α 辐射。本实验中的阳极选用 Cu 靶,Cu 靶产生的特征 K_α 线的波长 $\lambda = 1.5418 Å$,K_β 线的波长 $\lambda = 1.3922 Å$,因此可以选用 Ni(其吸收线波长 $\lambda = 1.4880 Å$)作滤波片滤去 Cu 靶中产生的 K_β 辐射,得到单色 K_α 线。

3. X 射线衍射仪的构造

关于这部分,同学们只要简单了解 X 射线衍射仪是由 X 射线发生器、测角仪、记录仪这三大部分组成的即可。想要详细了解可以查阅《现代仪器分析》《固体表面分析》等相关参考书。

4. X 射线粉末衍射法测定晶胞常数

(1)晶体与晶胞的概念。晶体是由具有一定结构的原子、原子团(或离子团)按一定的周期在三维空间重复排列而成的。反映整个晶体结构的最小平行六面体单元称为晶胞。晶胞的形状及大小可通过夹角 α、β、γ 的三个边长 a、b、c 来描述,因此 α、β、γ 和 a、b、c 称为晶胞常数。

(2)粉末法。当某一波长的单式 X 射线以一定的方向投射到晶体上时,晶体内的晶面(同一面上的结构单元构成的平面点阵)像镜面一样反射入射线。但不是任何的反射都是衍射。只有那些面间距为 d,与入射的 X 射线的夹角为 θ,且两相邻晶面反射的光程差为波长的整数倍 n 的晶面簇在反射方向的散射波,才会相互叠加而产生衍射,如图 19-1 所示。

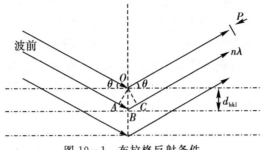

图 19-1　布拉格反射条件

由光程差 $\Delta = AB + BC = d\sin\theta + d\sin\theta = 2d\sin\theta$，即有布拉格方程

$$2d\sin\theta = n\lambda \qquad (19-1)$$

式中：n 称为衍射级数。

稍作变换，$d_{hkl} = d/n = \lambda/(2\sin\theta)$，$d_{hkl}$ 就是 XRD 图谱中所说的 d 值，也是 PDF 卡片中 d 值的由来。图 19-2 说明了衍射角的大小，即如果样品与入射线夹角为 θ，晶体内某一簇晶面符合布拉格方程，那么其衍射线方向与入射线方向的夹角为 2θ，称为衍射角，而 θ 称为半衍射角。

图 19-2　衍射线方向和入射线方向的夹角

如图 19-3 所示，多晶样品中与入射 X 射线夹角为 θ、面间距为 d 的晶簇面晶体不止一个，而是无穷多个，且分布在半顶角为 2θ 的圆锥面上。

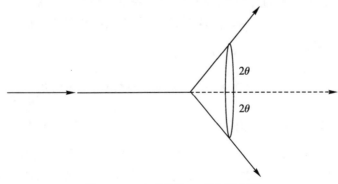

图 19-3　半顶角为 2θ 的衍射圆锥

粉末法所测样品为多晶粉末（很细，20~30μm），因而存在着各种可能的晶面取向。当单色（标识）X射线照射到多晶试样表面时，不同取向的晶面都会对X射线发生反射，只有与X射线夹角为θ，满足布拉格方程的晶面才会发生衍射。

实际测定时，我们将粉末样品压成片放到测角仪的样品架上，当X射线的计数管和样品绕试样中心转动时（试样转动θ，计数管同步转动2θ），利用X射线衍射仪记录下不同角度时所产生的衍射线的强度，就得到了XRD图谱，这叫衍射仪法。

衍射峰的位置2θ与晶面间距（晶胞大小和形状）有关，而衍射线的强度（即峰高）与该晶胞内原子、离子或分子的种类、数目以及它们在晶胞中的位置有关。由于任何两种晶体，其晶胞形状、大小和内含物总存在着差异，所以，XRD图谱上衍射峰的位置2θ和相对强度I/I_0可以作为物相分析的基础。

(3) 指标化与晶胞常数的测定。对于立方晶系，比较简单，其晶胞参数$a=b=c$，$\alpha=\beta=\gamma=90°$。

由几何结晶学的知识可以推出

$$\frac{1}{d} = \sqrt{\frac{h^{*2}+k^{*2}+l^{*2}}{a^2}} \qquad (19-2)$$

式中：h^*、k^*、l^*为密勒(Miller)指数，即晶面符号，密勒指数不带有公约数。将等式两边同乘衍射级数n，得

$$\frac{n}{d} = \sqrt{\frac{h^2+k^2+l^2}{a^2}} \qquad (19-3)$$

式中：a为立方体晶体晶胞的边长。

将式(19-1)和式(19-3)合并，整理得

$$\sin^2\theta = \frac{\lambda^2}{4a^2}(h^2+k^2+l^2) \qquad (19-4)$$

式中：h、k、l为衍射指数，它们与密勒指数的关系是$h=nh^*$，$k=nk^*$，$l=nl^*$。

根据布拉格方程$n/d=2\sin\theta/\lambda$，λ值已知，每个衍射峰的θ值由衍射图谱中读出，这样每个衍射峰都有一个确定的$\left(\frac{n}{d}\right)^2$值。

对于立方晶系，指标化最简单，由于h、k、l为整数，所以各衍射峰的$\left(\frac{n}{d}\right)^2$（或$\sin^2\theta$），以其中最小的$\left(\frac{n}{d}\right)^2$值除之，所得的数列应为一整数列，即是每个衍射峰的衍射指标平方和$(h^2+k^2+l^2)$之比。对于立方晶系，如果是素晶胞(P)，该比值为$1:2:3:4:5:6:8:\cdots$（缺7,15,23等）；如果是体心晶胞(I)，该比值为$2:4:6:8:10:12:\cdots$（偶数之比）；而如果是面心晶胞(F)，该比值为$3:4:8:11:$

12∶16∶…(两密一疏)。因为系统消光的缘故,一些 $h^2+k^2+l^2$ 值可能不出现。素晶胞中,衍射指标无系统消光;体心晶胞中,$h+k+l=$奇数时,发生系统消光;而面心晶胞中,h,k,l奇偶混杂时发生系统消光。

由此,我们可以判断立方晶系晶胞的点阵型式,再根据教材立方点阵衍射指标规律,确定各个衍射峰所对应的衍射指数为

$$d_{hkl}=\frac{d}{n}=\frac{\lambda}{2\sin\theta}=\frac{a}{\sqrt{h^2+k^2+l^2}} \qquad (19-5)$$

Cu 靶 K_a 线的波长 $\lambda=1.5405\text{Å}$,θ 由衍射图谱读出,每个衍射峰的 $h^2+k^2+l^2$ 也已经求得,这样对每个衍射峰,我们都可以求出对应的 a 值,最后实验测得的晶胞参数 $\bar{a}$,是对这些 a 值取平均。

知道了晶胞常数,就知道晶胞体积,在立方晶系中,每个晶胞中的内含物(原子或离子或分子)的个数 n,可按下式求得

$$n=\frac{\rho a^3}{M/N_0} \qquad (19-6)$$

式中:M 为欲测样品的摩尔质量;N_0 为阿伏伽德罗常数;ρ 为该样品的晶体密度。

四、仪器与试剂

仪器:D2 PHASER X 射线衍射仪 1 台(Cu 靶)、研钵和研钵棒 1 套、骨勺 1 个、装样品的玻片 2 片、金属刮刀 1 把、玻璃板 1 块、卷纸 1 卷、PDF 卡片 1 盒、PDF 卡片索引 2 本。

试剂:NaCl(化学纯)、NH_4Cl(化学纯)。

五、实验步骤

(1)制样:测量粉末样品时,把待测样品于研钵中研磨至粉末状,样品的颗粒不能大于 200 目,把研细的样品倒入样品板,至稍有堆起,在其上用玻璃板压紧,样品的表面必须与样品板平。

(2)装样:安装样品时要轻插、轻拿,以免样品由于震动而脱落在测试台上。

(3)要随时关好内防护罩的罩帽和外防护罩的铅玻璃,防止 X 射线散射。

(4)接通总电源,此时,冷却水自动打开,再接通主机电源。

(5)接通电源,并引导系统操作软件。

(6)待仪器启动到登录界面,按下"Ctrl+Alt+Delete",密码:"password"。待电脑启动完毕,启动测量软件:"start – All programs DIFFRAC. Measurement-

Suit-DIFFRAC.Measurement"。等待几秒钟,将跳出登录对话框,用户名选择 Lab Manager,无密码,直接点击"OK"。测量软件打开后,选择"COMMANDER"界面,点击"requested",选中"Two theta"和"Phi",然后点击"initialize all checked drives"图标,进行仪器初始化。

(7)仪器初始化完毕,打开仪器前门,放入样品,关闭安全门准备测量。

(8)扫描完成后,保存数据文件,进行各种处理。系统提供六种处理功能:寻峰、检索、积分强度计算、峰形放大、平滑、多重绘图。

(9)对测量结果进行数据处理后,打印测量结果。

(10)测量完毕关闭仪器,点击"X-Ray off",关闭所有软件,等 5 min 左右,点击"start-shut down"关闭电脑,待电脑显示"it is now safe to turn off your computer"后,关闭仪器电源。

(11)取出装样品的玻璃板,倒出框穴中的样品,洗净样品板,晾干。

七、数据处理

(1)根据实验测得 NaCl 晶体粉末线的各 $\sin^2\theta$ 值,用整数连比起来,与上述规律对照,即可确定该晶体的点阵型式,从而可按卡片集将各粉末线顺次指标化。

(2)根据公式,利用每对粉末线的 $\sin^2\theta$ 值和衍射指标,即可根据公式(19-4)计算晶胞常数 a。实际在精确测定中,应选取衍射角大的粉末线数据来进行计算,或用最小二乘法求各粉末线所得 a 值的最佳平均值。

(3)把 $\bar{a}$ 值代入式(19-6)求晶胞内含物的个数。NaCl 的式量为 58.5,NaCl 晶体的密度为 2.164 g·cm^{-3},则每个正当晶胞中 NaCl 的"分子"数应为多少?

八、注意事项

(1)必须将样品研磨至 200~325 目的粉末,否则样品容易从样品板中脱落。
(2)使用 X 射线衍射仪时,必须严格按操作规程进行。
(3)注意对 X 射线的防护。

九、思考题

(1)多晶体衍射能否用含有多种波长的多色 X 射线?为什么?
(2)简述 X 射线通过晶体产生衍射的条件。
(3)布拉格方程并未对衍射级数和晶面间距作任何限制,但实际应用中为什么只用到数量非常有限的一些衍射线？

(4)布拉格反射图中的每个点代表 NaCl 中的什么？一个 Na 原子,一个 Cl 原子,一个 NaCl 分子,还是一个 NaCl 晶胞？试给以解释。

十、扩展实验

(1)设计实验研究粒径对 NaCl 晶体 XRD 图的影响,并分析原因。
(2)设计实验测定 $CaCl_2$ - KCl 混合物的 XRD 图,并进行分析。

附录　常用仪器及技术

仪器一　气体钢瓶

氧气钢瓶

(一)氧气瓶的使用规则

(1)将钢瓶上的氧气出口与氧弹上的氧气进口连接好,不得漏气。

(2)使用时先逆时针旋转钢瓶总阀门,打开钢瓶总开关。

(3)再顺时针转动打开减压阀,调节螺杆至低压表上的示值达到实验所需要的压力值进行充氧。

(4)充完氧气后先关闭总阀门(顺时针旋转),再关闭减压阀(逆时针旋转),然后松开接口取下氧弹,再打开减压阀(顺时针旋紧螺杆),将其中的余气放尽,两个压力表上的示值均应为零,最后关闭减压阀(逆时针旋松螺杆)。

(二)氧气减压阀安装使用注意事项

(1)依使用要求的不同,氧气减压器有多种规格。最高进口压力大多为15 MPa,最低进口压力应不小于出口压力的2.5倍。出口压力规格大多为0～6 MPa。

(2)安装减压器时应确定其连接尺寸规格是否与钢瓶和使用系统的接头相一致,接头处需用垫圈。安装前须瞬时开启气瓶阀吹除灰尘,以免带进杂质。

(3)氧气减压器严禁接触油脂(高压氧气遇油脂会燃烧),以免发生火警事故。减压器及扳手上的油污应用酒精擦去。

(4)停止工作时,应将减压器中余气放净,然后拧松调节螺杆以免弹性元件长久受压变形。

(5)减压器应避免撞击振动,不可与腐蚀性物质接触。

(6)其他气体减压阀的注意问题:有些气体,例如氮气、空气、氩气等永久性气体,可以采用氧气减压阀;还有一些气体,如氨等腐蚀性气体,则需要专用减压阀。

市面上常见的有氮气、空气、氢气、氨、乙炔、丙烷、水蒸气等专用减压阀。这些减压阀的使用方法及注意事项与氧气减压阀基本相同。但是,专用减压阀一般不用于其他气体。为了防止误用,有些专用减压阀与钢瓶之间采用特殊连接口。例如,氢气和丙烷均采用左牙螺纹,也称反向螺纹,安装时应特别注意。

仪器二 温度计

一、水银温度计

使用水银温度计(见附图 1)时应注意:读数时水银柱液面刻度和眼睛应该在同一个水平面上,以防止视差带来的影响;有时使用带有准丝的读数望远镜可以帮助减少读数的误差。为了防止水银在毛细管上附着,读数时应轻轻用手指弹动温度计;温度计应尽可能垂直放置,以免因温度计内部水银压力不同而引起误差;防止骤冷骤热,以免引起破裂和变形,防止强光等辐射直接照射水银球。

水银玻璃温度计是很容易损坏的仪器,使用时应严格遵守操作规程,尽量避免不合规定的操作。例如:图方便以温度计代替搅拌棒;和搅拌器相碰;放在桌子边缘不小心滚落;装在盖上的温度计不先取下,而充当支撑盖子的支柱,套温度计的塞子孔太大,使温度计滑下,或孔太小,硬把温度计塞进,折断温度计等等,都是不合规定的操作,应尽力避免。万一温度计损坏,内部水银洒出,应严格按"汞的安全使用规程"处理。

二、热电阻温度计

热电阻(thermal resistor)温度计(见附图 2)是中低温区最常用的一种温度检测器。热电阻测温是基于金属导体的电阻值随温度的增加而增加这一特性来进行温度测量的。它的主要特点是测量精度高,性能稳定。铂电阻是热电阻中测量精确度最高的,它不仅广泛应用于工业测温,而且被制成标准的基准仪。热电阻大都由纯金属材料制成,目前应用最多的是铂和铜,此外,现在已开始采用镍、锰和铑等材料制造热电阻。工业测量用金属热电阻材料除铂丝外,还有铜、镍、铁、铁-镍等。

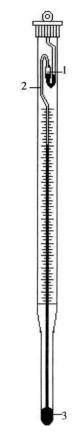

1—温度感应器;2—真空毛细管;3—水银球

附图 1

附图 2 热电阻温度计

热电阻温度计特点：①压簧式感温元件，抗振性能好；②测温精度高；③机械强度高，耐高温、耐压性能好；④采用进口薄膜电阻元件，性能可靠稳定。

热电阻的测温原理是基于电阻的热效应进行温度测量的，即利用电阻值随温度变化而变化这一特性来测量温度及与温度有关的参数。因此，只要测量出感温热电阻的阻值变化，就可以测量出温度。热电阻通常需要把电阻信号通过引线传递到计算机控制装置或者其他二次仪表上。目前主要有金属热电阻和半导体热敏电阻两类。

目前应用最广泛的热电阻材料是铂和铜。铂电阻精度高，适用于中性和氧化性介质，稳定性好，具有一定的非线性，温度越高，电阻变化率越小，测温范围一般为 $-200\sim800$ ℃；铜电阻在测温范围内电阻值和温度呈线性关系，温度线性大，适用于无腐蚀介质，测温范围为 $-40\sim140$ ℃。我国最常用的铂电阻有 $R_0=10$ Ω、$R_0=100$ Ω 和 $R_0=1000$ Ω 等几种，它们的分度号分别为 Pt10、Pt100、Pt1000；铜电阻有 $R_0=50$ Ω 和 $R_0=100$ Ω 两种，它们的分度号为 Cu50 和 Cu100，其中 Pt100 和 Cu50 的应用最为广泛。

三、热电偶温度计

热电偶温度计是以热电效应为基础的测温仪表。它的结构简单、测量范围宽、使用方便、测温准确、可靠，信号便于远传、自动记录和集中控制，因而在工业生产中应用极为普遍。热电偶温度计由三部分组成：热电偶（感温元件）；测量仪表（动圈仪表或电位差计）；连接热电偶和测量仪表的导线（补偿导线）。热电偶是工业上最常用的一种测温元件。它由两种不同材料的导体 A 和 B 焊接而成。焊接的一端插入被测介质中，感受到被测温度，称为热电偶的工作端或热端，另一端与导线连接,称为冷端或自由端(参比端)。导体 A、B 称为热电极。

  两种不同成分的导体(称为热电偶丝材或热电极)两端接合成回路,当接合点的温度不同时,在回路中就会产生电动势,这种现象称为热电效应,而这种电动势称为热电势。热电偶就是利用这种原理进行温度测量的,其中,直接用作测量介质温度的一端叫做工作端(也称为测量端),另一端叫做冷端(也称为补偿端);冷端与显示仪表或配套仪表连接,显示仪表会显示出热电偶所产生的热电势。热电偶实际上是一种能量转换器,它将热能转换为电能,用所产生的热电势测量温度。

  热电偶的用途:用于测量各种物体温度,测量范围极大,远远大于酒精、水银温度计。采用热电偶既满足现场测温需求,亦满足远距离传输需求,可以直接测量各种生产过程中的$-80\sim500\ ℃$范围内液体、气体介质以及固体表面的温度。

仪器三　电导率仪

一、DDS－IIA 电导率仪

(一)操作步骤

(1)电极的选用:当电导率大于 100 μS/cm 时用铂黑电极;小于 100 μS/cm 时用光亮铂电极。

(2)调节"常数"旋钮:把旋钮置于与使用电极的电导池常数相一致的位置上。

(3)把"量程"开关扳在"检查"位置,调节"校正"旋钮,使指针指向满刻度。

(4)将"量程"开关扳在最大电导率档后,视被测介质电导率的大小,可逐档下降,开始测量。

(二)注意事项

(1)电极使用前,应用蒸馏水冲洗两次,再用被测试样冲洗三次方可使用。

(2)不测时应将"量程"开关扳在"检查"位置,并经常对仪器进行校正。

(3)电极常数应定期进行校正。

二、DDS－01Ⅱ型电导率仪

(一)操作步骤

(1)"切换"可选择 K_{cell}、Temperature、κ;"移位"用来调节相应位数的数值;"增加"调节设定的数值。

(2)电导率仪在使用时,当所测的电导率小于 100 $\mu S \cdot cm^{-1}$ 时,选择"低周";高于 100 $\mu S \cdot cm^{-1}$ 时,选择"高周"。当电导率测量小于 100 $\mu S \cdot cm^{-1}$ 时,选择光亮电极;当溶液电导率大于 100 $\mu S \cdot cm^{-1}$ 时,选择铂黑电极。

如果预先不知道被测溶液的电导率值的大小,应先将量程选择开关置于最大的量程档,然后逐档下降,以防止损坏仪器。

(3)当电导率仪超出测量范围或输入为零时,均显示"OVER"。

(4)温度补偿按钮,按下时可将当前温度下溶液的电导率值自动补偿到 25 ℃时的电导率值。弹开时为当前温度下测量的实际电导率值。

DZDZ-A 型电导率仪操作步骤与 DDS-01Ⅱ型电导率仪相同。

(二)电导池常数的标定

用 0.01 mol·L^{-1} KCl 标准溶液标定电导池常数,亦称电极常数。

方法如下:用 KCl 标准溶液荡洗电极和大试管三次后,倒入 0.01 mol·L^{-1} KCl 标准溶液至淹没电极;恒温 25.0 ℃ 10 min,先调常数旋钮使显示值为"1",测量 0.01 mol·L^{-1} KCl 标准溶液的电导率值。如果小于 0.1409 S·m^{-1},说明电导池常数的设置值小(溶液固定后,电导率与电导池常数成正比),适当的调大,再进行测量,直到最后设置的电导池常数下测量电导率的值为 0.1409 S·m^{-1}。

(三)物理参数

25.0 ℃,0.01 mol·L^{-1} KCl 标准溶液的电导率值 κ=0.1409 S·m^{-1}。

仪器四 电位差计

一、SDC-Ⅱ型数字电位差综合测试仪

(一)开机

用电源线将仪表后面板的电源插座与 220 V 电源连接,打开电源开关(ON),预热 15 min 再进入下一步操作。

(二)以内标为基准进行测量

1. 校验

(1)将"测量选择"旋钮置于"内标"。

(2)将测试线分别插入测量插孔内,将"100"位旋钮置于"1","补偿"旋钮逆时针旋到底,其他旋钮均置于"0",此时,"电位指标"显示"1.00000"V,将两测电线短接。

(3)待"检零指示"显示数值稳定后,按一下"采零"键,此时,"检零指示"显示为"0000"。

2. 测量

(1)将"测量选择"置于"测量"。

(2)用测试线将被测电动势按"+""-"极性与"测量插孔"连接。

(3)调节"100—10^{-4}"五个旋钮,使"检零指示"显示数值为负且绝对值最小。

(4)调节"补偿旋钮",使"检零指示"显示为"0000",此时,"电位显示"数值即为被测电动势的值。

[注意事项]

(1)测量过程中,若"检零指示"显示溢出符号"OU.L",说明"电位指示"显示的数值与被测电动势值相差过大。

(2)电阻箱 10^{-4} 档值若稍有误差可调节"补偿"电位器达到对应值。

(三)以外标为基准进行测量

1. 校验

(1)将"测量选择"旋钮置于"外标"。

(2)将已知电动势的标准电池按"＋""－"极性与"外标插孔"连接。

(3)调节"100—10^{-4}"五个旋钮和"补偿"旋钮,使"电位指示"显示的数值与外标电池数值相同。

镉汞标准电池,可通过查表或者温度校正公式来得到当前温度下的标准电池的电动势。

温度校正公式:
$$E_t = E_0 - 4.06 \times 10^{-5}(t-20) - 9.5 \times 10^{-7}(t-20)$$

式中:E_t为t ℃时标准电池电动势;t为环境温度(℃);E_0为标准电池20 ℃时的电动势。调节温度补偿旋钮(A、B),使数值为校正后的标准电池电动势值。

(4)待"检零指示"数值稳定后,按一下"采零"键,此时,"检零指示"显示为"0000"。

2. 测量

(1)拔出"外标插孔"的测试线,再用测试线将被测电动势按"＋""－"极性接入"测量插孔"。

(2)将"测量选择"置于"测量"。

(3)调节"100—10^{-4}"五个旋钮,使"检零指示"显示数值为负且绝对值最小。

(4)调节"补偿旋钮",使"检零指示"为"0000",此时,"电位显示"数值即为被测电动势的值。

(四)关机

实验结束后关闭电源。

[维护注意事项]

(1)置于通风、干燥、无腐蚀性气体的场合。

(2)不宜放置在高温环境,避免靠近发热源如电暖气或炉子等。

(3)为了保证仪表工作正常,没有专门检测设备的单位和个人,请勿打开机盖进行检修,更不允许调整和更换元件,否则将无法保证仪表测量的准确度。

二、UJ－25型电势差计的使用

(1)在使用前,应将(N、X_1、X_2)转换开关放在断的位置,并将下方三个电计按钮全部松开,然后依次接上工作电源、标准电池、检流计以及被测电池。

(2)温度校正标准电池电动势值。

(3)将(N、X_1、X_2)转换开关放在"N"(标准)位置上,按"粗"电计按钮,旋动"粗""中""细""微"旋钮,调节工作电流,使检流计示零,然后再按"细"电计按钮,重复上述操作。注意按电计按钮时,不能长时间按住不放,需按及松交替进行,防止被测电池、标准电池长时间有电流通过。

(4)将(N、X_1、X_2)转换开关放在"X_1"或"X_2"(未知)的位置,调节各大旋钮,使电计在按"粗"时使检流计示零,再按"细"电计按钮,直至调节至检流计示零。读下大旋钮下方小孔示数,即为被测电池电动势值。

仪器五　电化学分析仪

电化学分析仪(CHI760E)集成了线扫伏安、脉冲伏安、阶跃、溶出、脉冲电镀、交流阻抗、限压反馈环充放电、零阻电流检测等电化学控制与测量技术。其中软件主要在 Windows7 下运行,融合了自动测峰、阻抗谱拟合、塔菲尔拟合、超级电容拟合、标准加入、标准曲线等专业技术。广泛应用于物理化学中的电化学教学、电化学分析、电化学合成、痕量元素检测、电镀工艺开发、当今热门电池材料研究、环境保护检测、纳米材料研制、电解、冶金、制药、生物电化学传感器、电化学腐蚀研究测量、超级电容器特性测试分析、电池充放电性能测试等重要领域,是现代化学实验教学及科研必备仪器之一。

操作程序如下。

(1)使用前先将电源线和电极连接:红夹线接辅助电极;绿夹线接工作电极;白夹线接参比电极。

(2)电源线和电极连接好后,将三电极系统插入电解池。

(3)打开工作站开关。

(4)双击桌面"CHI"快捷方式图标,打开 CHI 工作站控制界面,进行参数设置。

该仪器可进行电化学机理研究、生物技术研究、物质定性定量分析研究、常规电化学测试研究、纳米科学研究、传感器研究、金属腐蚀研究、电池研究、电镀研究等。

仪器六　旋光仪

WZZ-2B 型数字旋光仪的使用

WZZ-2B 型数字旋光仪的操作步骤如下。

(1) 接通电源后,打开电源开关和钠光灯开关,此时钠光灯应亮,预热 5 min,待钠光灯发光稳定后再工作。

(2) 洗净旋光管,将管的一端加上盖子,由另一端向管内加蒸馏水,直至在管上面形成一凸液面,然后盖上玻片和套盖,将盖子旋紧,但不可过紧,以免产生应力,造成误差。用镜头纸将管两端护片擦拭干净。检查管内是否有气泡,若有小气泡,让其浮至管的凸颈处;若气泡过大,则须重新装入。

(3) 将旋光管放入样品室,盖上箱盖。打开测量开关,按调零按钮,使读数显示器示值为零。

(4) 取出旋光管,用待测液反复荡洗数次后,将待测液装入旋光管,放入样品室,盖好箱盖。

(5) 按复测按钮,样品的旋光度立即显示在读数显示器上。数字前如为"＋",表示样品为右旋;如为"－",表示样品为左旋。

仪器七　分光光度计

一、T6 紫外-可见分光光度计

(一)操作步骤如下

1. 开机
(1)开启计算机,找到 UVWin5 紫外软件 V5.1.0 图标。
(2)开启仪器主机电源,提示是否"运行 PC 软件联机"界面。
(3)点击 UVWin5 紫外软件 V5.1.0 图标进行联机、初始化(需要约 5 min)。
(4)初始化结束后出现主界面。

2. 选择测量模式
根据需要选择测量模式,下面主要讲解光谱扫描的有关设置。
(1)点击左上角光谱扫描进入光谱扫描界面。
(2)在"测量"选项中的"参数设置"中设置参数。
参数包括:"M 测量"选项中"光度方式"为"Abs";"扫描参数"中的"起点和终点";在"附件"选项卡选择相应的样品池类型。
(3)参数设置后,点击"确定"。

3. 测量
(1)打开盖子,放入待测样品后,盖上盖子(请勿用力)。
(2)定位至空白样品池,点击"开始"进行空白校正。
(3)定位至待测液,点击"开始"进行光谱测量。

4. 数据处理与保存
选择"文件"选项中的"导出到文件",进行参数设置后保存即可。

5. 关机顺序
(1)关闭 UVWin5 紫外软件。
(2)关闭仪器主机电源。
(3)从样品池中取出所有比色皿,清洗干净以便下一次使用。
(4)关闭计算机电源、显示器。

(二)说明

T6 紫外-可见分光光度计如显示"运行 PC 软件联机",请正常运行计算机中的软件与仪器,正常通信即可。如仪器不能与计算机正常通信,开机后其自带的液晶屏幕会出现自检信息,无需理会,待进度条 100% 出现菜单后,按以下步骤进行。

(1)按黄色"▼"按钮,选择"系统应用",点击"ENTER"键。

(2)再按黄色"▼"按钮,选择"模式",点击"ENTER"键。

(3)"模式"右侧显示选中"PC"后,点击"RETURN"键,仪器会出现"运行 PC 软件联机?"。

(4)在计算机上点击仪器软件实现仪器与计算机通信。

在仪器自检或者软件运行过程中,如果出现"氘灯能量低"的情况,检查仪器样品槽中是否有玻璃比色皿存在。若存在比色皿,将其取出;若不存在,可查看氘灯是否能量低。

二、722N 可见分光光度计的使用

722N 可见分光光度计的操作步骤如下。

(1)打开吸收池暗室盖(光门自动关闭并显示"OVER"),调节[T%]旋钮,使数字显示为"00.0",盖上吸收池盖,将参比溶液置于光路,使光电管感光,调节透光率[100%]旋钮,使数字显示为"100.0"。

(2)如果显示不到"100.0",则可适当增加电流放大器灵敏度档数,但应尽可能使用低档,这样会提高仪器的稳定性与可靠性。当改变灵敏度后必须重新校正"00.0"和"100.0"。

(3)按步骤(1)连续几次调整"00.0"和"100.0"后,如将选择开关置于"A",调节吸光度调零旋钮,使数字显示为".000",即可进行吸光度 A 的测量;如将选择开关置于"C",将标准溶液放入光路,调节浓度旋钮,使得数字显示值为已知标准溶液浓度数值,即可进行后续测量工作。

仪器八 气压计

一、福廷式气压计的使用

(一)福廷式气压计的构造

实验室中常用的福廷式水银气压计构造如附图 3 所示。气压计的外部是黄铜管,内部是长 90 cm 的装有水银的玻璃管,玻璃管内部是绝对真空。下端插在水银槽内,水银槽底由一羚羊皮袋封住,羚羊皮可使空气从皮孔进入,而水银不会溢出。皮袋下由螺旋支撑,通过调整螺旋可调节槽内水银面的高低。水银槽周围是玻璃壁,顶盖上有一倒置的象牙针,针尖是标尺的零点。

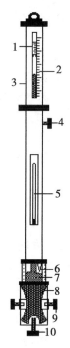

1—游标尺;2—读数标尺;3—黄铜管;4—游标尺调节螺旋;5—温度计;
6—零点象牙针;7—汞槽;8—羚羊皮袋;9—固定螺旋;10—调节螺旋
附图 3 福廷式气压计

(二)气压计的操作步骤

1. 铅直调节

气压计必须垂直放置,若在铅直方向偏差1°,在压力为760 mmHg(1 mmHg=133 Pa)时,则测量误差大约为0.1 mm。可拧松气压计底部圆环上的三个螺丝,令气压计铅直悬挂,再旋紧这三个螺丝,使其固定即可。

2. 调节汞槽内的汞面高度

慢慢旋转螺丝,升高汞槽内的水银面,注视汞面与象牙针间的空隙,直到水银面刚好与象牙针尖接触,稍等几秒钟,待象牙尖与水银的接触情形无变动时开始下一步。

3. 调节游标尺

转动调节游标螺旋柄,使游标升起比水银面稍高,然后慢慢落下,直到游标底边与游标后边金属片的底边同时和水银柱凸面顶端相切(注意在读数时视线的位置应与水银面在同一平面上)。

4. 读取汞柱高度

按照游标下缘零级所对标尺上的刻度,读出气压的整数部分,小数部分用游标来决定,从游标上找出一根与标尺上某一刻度相吻合的刻度线,它的刻度就是小数部分的读数,记录四位有效数字。

5. 整理工作

向下转动螺丝,使汞面离开象牙针,同时记下气压计的温度以及气压计的仪器误差。

(三)U形液柱压力计的使用

U形液柱压力计是物理化学实验中用得较多的压力计,它由两端开口的垂直玻璃管及垂直放置的刻度尺构成。管内下半部盛有适量工作液作为指示液,如附图4所示。它构造简单,使用方便,能测量微小压力差,测量准确度比较高,容易制作,价格低廉;但测量范围不大,示值与工作液密度有关,即与工作液的种类、温度、纯度及重力加速度有关,另外,它的结构不牢固,耐压程度比较差。

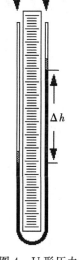

附图4 U形压力计

U形管的两支管分别连接于两个测压口,因为气体的密度远小于工作液的密度,因此,由液面差 Δh 及工作液的密度 ρ 可以得出下列式子:

$$p_1 = p_2 + \Delta h \cdot \rho g$$

U形压力计可用来测量以下几种数据。

(1)两气体压力差。

(2)气体的表压,p_1 为测量气压,p_2 为大气压。

(3)气体的绝对压力,令 p_2 为真空,p_1 即为绝对压力。

(4)气体的真空度,p_1 连通大气,p_2 为负压,可测其真空度。

(四)精密数字压力计

精密数字压力计的使用方法如下。

1. 预压及气密性检查

缓慢加压至满量程,观察数字压力表显示值变化情况,若 1 min 内显示值稳定,说明传感器及其检测系统无泄漏。确认无泄漏后,打开平衡开关。在全量程反复预压 2~3 次,方可正式测试。

2. 采零操作

每次测试前都必须进行采零操作,采零时,打开平衡开关,将滴管与大气相通,采零后,关闭平衡开关。

3. 测试

仪表采零后接通被测系统,读取最大值和最小值之差。

4. 关机

实验完毕,打开平衡开关后,再关闭电源开关。

仪器九　阿贝折射仪

WYA 阿贝折射仪的使用

1. 准备工作

每次测定工作之前必须将进光棱镜的毛面、折射棱镜的抛光面,用无水乙醇与乙醚(1∶1)的混合液和脱脂棉花或镜头纸轻擦干净,以免留有其他物质,影响测量准确度。

2. 测定液体

将被测液体用干净滴管加在折射棱镜表面,并将进光棱镜盖上,用手轮锁紧,要求液层均匀、充满视场、无气泡。打开遮光板,合上反射镜,调节目镜视度,使十字线成像清晰,此时旋转折射率刻度,调节手轮在目镜视场中找到明暗分界线的位置,使分界线位于十字线的中心,再旋转色散调节手轮使分界线不带任何色彩,适当转动聚光镜,此时目镜视场下方显示的示值即为被测液体的折射率。

仪器十　X射线粉末衍射仪

一、D2 PHASER X射线衍射仪

警告：当心电离辐射及X射线辐射！仪器上方橙色排灯亮时严禁开启样品舱门！

前期开机工作由仪器管理人员完成后可执行以下数据采集操作步骤。

(1)按附图5所示，用左手食指及中指扣住T形开关后向上轻提一下，衍射仪门自动开启。

(2)把制备好的样品放到样品台上，如附图6所示。

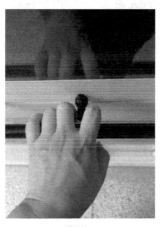
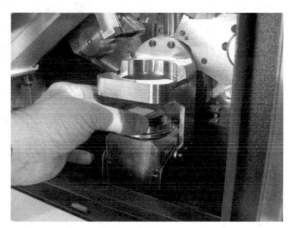

附图5　　　　　　　　　　　附图6

(3)手持黑色圆球状把手将样品台从下至上推入检测位置，在推入检测位置后可以明显感受到样品台卡入卡槽，松手后样品台不会自行下坠，如附图7所示。

(4)样品推入卡槽后，双手抓住样品舱门外黑色横杆，用力缓缓向下关门，切忌动作过快、过大，当听到咔哒声音后，舱门关闭完成。

(5)在测量软件Commander里设置测量条件：2θ起始角度及结束角度(Start、Stop)，其他参数禁止随意修改，如附图8所示。

(6)参数设置完成后点击"Start"开始测量。仪器会自动加载高压和电流(30 kV，10 mA)。测量完成后，点击"OFF"，关闭X射线管。

(7)最后在File下拉菜单Save Result File中保存数据，保存为.txt格式，数据

保存后务必检查数据完整性。

附图 7

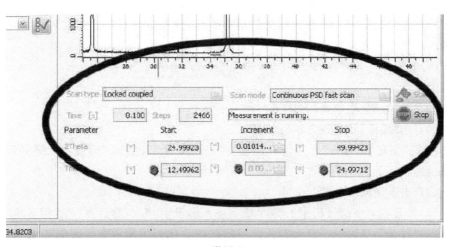

附图 8

仪器十一　热重分析仪

TA Q2000 热分析仪的使用

(一)准备工作

(1)打开氮气,调整压力为 0.1 MPa。打开压缩机,关闭排污阀。
(2)打开仪器电源,仪器自检大约需 2 min。
(3)打开电脑。点击桌面上的 TA 仪器控制软件图标。

(二)试验过程

(1) 程序柜架部分,即控件软件中的"摘要"。
①点击中间图示中的"摘要"。
②点击"模式",选择"SDT 标准";"实验"选择"自定义"。
③在"样品名"中输入待测样品名,"样品名"为"氧化铝"。
④点击"数据文件名"后面的文件保存图标,选择适当的位置和文件名。注意文件名不能是中文及特殊字符。
(2)程序部分,即控制软件中的"过程"。
①点击"过程"。
②在"实验"框中选择"自定义"。
③点击"编译器"出现方法编辑器。
④在"斜坡"后输入"20",即升温速度,一般都为 20;在"to"后输入最终实验温度,最后点"OK"。
⑤点击下面的"应用"。
(3)查看右上角信号栏中的温度显示是否小于 40 ℃。然后点"控制"下的"炉子"中的"打开",仪器炉子将会打开。将同样的氧化铝坩埚放在天平的热电偶上。接着点"关闭",关闭炉子。待炉子完全关闭后,点快捷按钮中的归零图标。
(4)归零完成后,点"控制"下的"炉子"中的"打开",打开炉子。取下天平样品端坩埚,加入适量待测样品。一般为 5~10 m,但体积不能超过坩埚的 1/3,然后将坩埚放入天平样品端,点击"关闭",关闭炉子。
(5)待炉子完全关闭后,点击绿色启动按钮,实验开始运行。
(6)实验运行完成后,待温度降到 50 ℃以下,打开炉子,取出样品反应物。

(三)关机方法

(1)查看温度是否小于50 ℃。
(2)打开炉子,取出坩埚。
(3)关闭炉子。
(4)从电脑中,点击"Control"(控制)下面的"Shutdown instrument"(关闭仪器),关闭仪器。
(5)仪器显示屏提示关机后,关闭仪器背后的电源。
(6)关闭电脑。
(7)关闭氮气,关闭压缩机,打开排污阀。

(四)注意事项

1. 反应物如果是爆炸物等危险品,量要非常少,一般不超过1 mg。
2. 反应物不能腐蚀氧化铝坩埚,如需用铂金坩埚,温度请不要超过1200 ℃。
3. 对于高膨胀的样品,要从少量做起,避免溢出,损坏热电偶。